网络编程实验指导书

主　编：赵文栋　徐正芹　李艾静

副主编：彭来献　陈　娟　刘　熹

参　编：王向东　张　磊　徐任晖

东南大学出版社
SOUTHEAST UNIVERSITY PRESS

· 南京 ·

内 容 提 要

本书全面系统地介绍了网络编程的基本原理,剖析了网络应用程序实现与套接字实现之间的关联,分析了不同编程方法的实用性和优缺点。另外书中收录了丰富的示例,详细展现了 Linux 和 Windows 平台下套接字编程的共性与个性。特别是从代码角度说明了不同模型服务器端的区别,对开发实践有很大帮助。

本书内容丰富、结构清晰、讲解细致、通俗易懂,既突出了基本原理和技术思想,也强调工程实现,可以作为大学本科、专科及高职相关专业的教材,也可作为广大网络应用程序开发人员的参考资料。

图书在版编目(CIP)数据

网络编程实验指导书 / 赵文栋,徐正芹,李艾静主编 . —南京:东南大学出版社,2019.8
ISBN 978-7-5641-8491-9

Ⅰ. ①网… Ⅱ. ①赵… ②徐… ③李… Ⅲ. ①计算机网络—程序设计 Ⅳ. ①TP393

中国版本图书馆 CIP 数据核字(2019)第 156570 号

网络编程实验指导书
Wangluo Biancheng Shiyan Zhidaoshu

出版发行	东南大学出版社
社　　址	南京市四牌楼 2 号(邮编:210096)
出 版 人	江建中
责任编辑	姜晓乐(joy_supe@126.com)
经　　销	全国各地新华书店
印　　刷	江苏凤凰数码印务有限公司
开　　本	787mm×1092 mm　1/16
印　　张	12.25
字　　数	298 千字
版　　次	2019 年 8 月第 1 版
印　　次	2019 年 8 月第 1 次印刷
书　　号	ISBN 978-7-5641-8491-9
定　　价	43.00 元

本社图书若有印装质量问题,请直接与营销部联系。电话:025-83791830。

前　言

　　网络编程是计算机专业一门重要的专业基础课,在学习过程中,学生们普遍反映,难以将所学到的理论知识付诸于具体应用中,鉴于此,我们进行了本实验教材的编写。

　　本实验教材内容循序渐进,由浅入深,是理论教学的深化与补充。本书涵盖了网络编程的基本知识点,并对网络编程、局域网组播、广播等高级应用层网络程序设计作了初步探讨,给出了具有代表性的例子程序。最后,针对理论内容,精心设计了 7 个实验实例,通过学习,学生们不但可以掌握网络编程的常用方法,同时也能更深入地了解为什么这样用,以达到"知其然并知其所以然"。

　　本书分为三个部分。

　　第一部分介绍网络编程的基本概念和知识点,包括 OSI 七层模型、TCP/IP 四层模型、网络通信过程、套接字类型、网络应用程序设计模式、套接字地址结构以及 socket API。

　　第二部分介绍本书所用软件的安装步骤及使用说明,主要有 Visual Studio 2015、Wireshark 及 Eclipse 等。

　　第三部分选取 7 个典型案例,对各知识点进行深入剖析,包括基本 TCP 编程、基本 UDP 编程、UDP 广播编程、UDP 组播编程、fork( )函数应用编程、select( )函数编程、raw socket 编程。

　　通过训练后,学生应该达到以下要求:

　　(1) 掌握 TCP 套接字、UDP 套接字编程,掌握 UDP 组播、广播编程,掌握 fork( )和 select( )函数编程及原始套接字编程。

　　(2) 能独立设计较简单的网络程序。

　　(3) 能独立解决较简单的网络编程问题,具有一定的提出问题、分析分题、解决问题的能力。

　　本实验教材由赵文栋、徐正芹、李艾静、彭来献、陈娟等编写。由于时间仓促及作者水平所限,书中难免存在不妥之处,欢迎各位读者批评指正。

作　者

2019 年 4 月

目 录

第一部分 网络编程基本知识

第二部分　软件介绍

第三部分　实验举例编程

| 第一部分 |

网络编程基本知识

第1章　网络编程中的基本概念

在计算机网络的基本概念中,协议和分层的体系结构是最重要的。在网络分层体系结构中,各层之间是单向依赖的,各层的分工和协作集中体现在相邻层之间的接口上。

1.1　网络协议与计算机网络体系结构

计算机网络是由多个互连的结点组成的,结点之间需要不断地交换数据与控制信息,要做到有条不紊地交换数据,每个结点都必须遵守一些事先约定好的规则。这些规则明确规定了所交换的数据格式和时序,以及在发送或接收数据时要采取的动作等问题。这些为进行网络中的数据交换而建立的规则、标准或约定即称为网络协议。网络协议也可简称为协议。网络协议主要由以下三要素组成。

① 语法,即数据与控制信息的结构或格式。例如,地址字段的长度以及它在整个分组中的位置。

② 语义,即各个控制信息的具体含义,包括需要发出何种控制信息,完成何种动作及做出何种响应。

③ 同步(或时序),即事件实现顺序和时间的详细说明,包括数据应该在何时发送出去,以及数据应该以什么速率发送。

其实协议不是网络所独有的,在我们的日常生活中处处可见。只要涉及多个实体需要通过传递信息协作完成一项任务的问题都需要协议,协议通常包含语法、语义和时序这三要素。例如,人们在使用邮政系统进行通信时,就需要遵守一些强制的或约定俗成的规则,而这些规则就是协议。具体地讲,人们在书写信封时需要遵守国家要求的信封书写规范,规范对收件人和发件人的地址、姓名、邮政编码的书写都有明确的要求。而当人们收到信件时应在人们习惯的时间范围内及时回信。

在计算机网络中,任何一个通信任务都需要由多个通信实体协作完成,因此,网络协议是计算机网络不可缺少的组成部分。

当我们在处理、设计和讨论一个复杂系统时,总是将复杂系统划分为多个小的、功能相对独立的模块或子系统。这样我们可以将注意力集中在这个大而复杂系统的某个特定部分,并有能力把握它,这就是模块化的思想。计算机网络是一个非常复杂的系统,需要利用模块化的思想将其划分为多个模块来处理和设计。人们发现层次式的模式划分方法特别适合网络系统,因此目前所有的网络系统都采用分层的体系结构。

在我们的日常生活中不乏层次结构的系统,例如,邮政系统就是一个分层的系统,而且它与计算机网络有很多相似之处。在讨论计算机网络的分层体系结构之前,先来看看我们熟悉的邮政系统的分层结构。

邮政系统的最上层是用户应用层,其任务是用户通过信件来传递信息。通信双方都必须用约定的语言和格式来书写信件内容。为了保密,双方还可以用约定的暗语或密文进行通信。

用户应用层的下层是信件传送层,其任务是将用户投递的信件递送给收件人。为完成该功能,必须对信封的书写格式、邮票和邮戳的放置位置等进行规定。

再下层是邮包运送层,其任务是按运送路线运送邮包,包括在不同交通工具间中转。为把邮包运送到目的地,邮包运送部门需要规定邮包上地址信息的内容和格式。

再下层是交通运输层,其任务是提供通用的货物运输的功能,并不一定仅为邮政系统提供服务。不同类型的交通运输部门之间是独立的,并且有各自的寻址体系。

最下层是具体的交通工具,如火车或汽车,它们是货物运输的载体。

邮政系统是一个很复杂的系统,但通过划分层次,可将整个通信任务划分为5个功能相对独立和简单的子任务。每一层任务为其上层任务提供服务,并利用其下层任务提供的服务来完成本层的功能。计算机网络的层次结构与之非常相似。

在计算机网络术语中,我们将计算机网络的层次结构模型与各层协议的集合称为计算机网络的体系结构。也就是说,计算机网络的体系结构就是这个计算机网络及其各部分所应该完成的功能的精确定义。需要强调的是,具体选用何种硬件或软件来实现这种体系结构的功能,必须遵循一定的规则。体系结构是抽象的,但实现的过程是具体的,是靠运行在计算机上的硬件和软件来体现的。

按层次结构来设计计算机网络的体系结构有很多好处。

① 各层之间是独立的。某一层并不需要知道它的下一层是如何实现的,而仅仅需要知道该层通过层间的接口(即界面)所提供的服务。例如,邮包运送部门将邮包作为货物交给铁路部门运输后无须关心火车运行的具体细节,这是铁路部门的事情。由于每一层只实现一种相对独立的功能,因而可将一个难以处理的复杂问题分解为若干个较容易处理的更小一些的问题。这样,整个问题的复杂性就降低了。

② 灵活性好。当任何一层发生变化时(如技术方面发生了变化),只要层间接口关系保持不变,则在该层以上或以下各层均不受影响。例如,火车提速了或更改了车型,对邮包运送部门的工作没有直接影响。

③ 结构上可分开。各层都可以采用最合适的技术来实现。

④ 易于实现和维护。这种结构使得实现和调试一个庞大而又复杂的系统变得较为容易,因为整个系统已被分解为若干个相对独立的子系统。

⑤ 有利于功能复用。下层可以为多个不同的上层提供服务。例如,交通运输部门不仅可以为邮政系统提供运输邮包的服务,还可以为其他公司提供运输其他货物的服务。

⑥ 能促进标准化工作。每一层的功能及所提供的服务都已有了精确的说明。标准化对于计算机网络来说非常重要,因为协议是通信双方共同遵守的约定。

分层时应注意使每一层的功能非常明确。若层数太少,就会使每一层的协议太复杂。但层数太多又会在描述和实现各层功能的任务中遇到较多的困难。到底计算机网络应该划分为多少层,不同人有不同的看法。

将在第1.2节、1.3节和1.4节中分别介绍OSI七层模型和TCP/IP四层模型以及它们设计的利弊。

1.2　OSI 七层模型

OSI(Open System Interconnect)即开放式系统互联。一般都叫OSI参考模型,是ISO(国

际标准化组织)在 1985 年研究的网络互联模型。该体系结构标准定义了网络互连的七层框架(物理层、数据链路层、网络层、传输层、会话层、表示层和应用层),即 ISO 开放系统互连参考模型。在这一框架下进一步详细规定了每一层的功能,以实现开放系统环境中的互连性、互操作性和应用的可移植性。具体模型如图 1-1 所示。

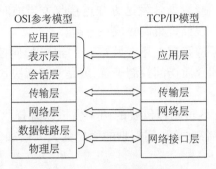

图 1-1　OSI 七层模型

OSI 七层模型的分层原则是:

① 当需要一个不同抽象体的时候,应该创建一层。

② 每一层都应该执行一个明确定义的功能。

③ 选择每一层功能的时候,应该考虑到定义国际标准化的协议。

④ 选择层边界的时候,应该使"跨接口所需要的信息流"尽可能最小。

⑤ 层数应该足够多,以保证不同的功能不会混杂在同一层中,同时层数也不能够太多,以避免整个体系结构变得过于庞大。

下面我们将从最底层开始,依次讨论该模型中的每一层。请注意,OSI 参考模型本身并不是一个网络体系结构,因为它并没有定义每一层上所用到的服务和协议。它只是指明了每一层上应该做些什么事情。然而,OSI 也已经为每一层制定了相应的标准,但这些标准并不属于参考模型本身,它们都已作为单独的国际标准发布了。

(1) 物理层

物理层涉及在通信信道上传输的原始数据位。主要定义物理设备标准,如网线的接口类型、光纤的接口类型、各种传输介质的传输速率等。它的主要作用是传输比特流(就是将 1、0 转化为电流的强弱来进行传输,到达目的地后再转化为 1、0,也就是我们常说的数模转换与模数转换)。这一层的数据叫做比特流。

这一层在设计的时候必须要保证,当一方发送了"1"时,在另一方收到的也是"1",而不是"0"。这里的典型问题是:应该用多少伏的电压来表示"1",多少伏的电压来表示"0";每一位持续多少纳秒;传输过程是否在两个方向上同时进行;初始连接如何建立;当双方结束之后如何撤销连接;网络连接器有多少针以及每一针的用途是什么。这里主要涉及机械、电子和定时接口,以及位于物理层之下的物理传输介质等。

(2) 数据链路层

数据链路层定义了如何让格式化数据以帧为单位进行传输,以及如何控制对物理介质的访问。本层的主要任务是将一个原始的传输设施转变成一条逻辑的传输线路,这一层通常还提供错误检测和纠正,以确保数据的可靠传输。如:串口通信中使用到的 115200、8、N、1。在这条传输线路上,所有未检测出来的传输错误也会反映到网络层上。数据链路层完成这项任务的做法是：让发送方将输入的数据拆开，分装到数据帧中，然后顺序地传送这项数据帧。如果是可靠的服务，则接收方必须确认每一帧都已经正确地接收到了，即给发送方送回一个确认帧。

数据链路层上的另一个问题是，如何让一个慢速的接收方跟上一个快速的发送方。所以往往需要一种流量调节机制，以便让发送方知道接收方当前时刻有多大的缓存空间。通常情况下，这种流量机制跟错误处理机制集成在一起。

对于广播式网络，在数据链路层上还有另外一个问题：如何控制对共享信道的访问。数据链路层的一个特殊子层，即介质访问控制子层，就是专门解决这个问题的。

（3）网络层

网络层可为网络中处于不同地理位置的两个主机系统提供连接和路径选择。Internet（因特网）的发展使得从世界各站点访问信息的用户数大大增加，而网络层正是管理这种连接的层。

网络层还可以控制子网的运行过程。其中一个关键的设计问题是确定分组从源端到目标端如何选择路由。从源端到目标端的路径可以建立在静态表的基础之上，这些表相当于是网络的"布线"图，而且很少会变化。这些路径也可以在每一次会话开始时就确定下来（比如，登录到一台远程机器上）。另外，这些路径也可以是高度动态的，针对每一分组都要重新确定路径，以便符合网络当前的负载情况。

如果有太多的分组同时出现在一个子网中，那么这些分组彼此之间会相互妨碍，从而形成传输瓶颈。拥塞控制也属于网络层的范畴。更进一步讲，延迟、传输时间、抖动等也是网络层考虑的问题。

当一个分组必须从一个网络传输到另一个网络才能够到达目的地时，可能会发生很多问题。第二个网络所使用的编址方案可能与第一个网络不同；第二个网络可能根本不接受这个分组，因为它太大了；两个网络所使用的协议也可能不一样等。网络层应负责解决这些问题，从而允许不同种类的网络可以相互连接起来。

在广播式网络中，路由问题比较简单，所以网络层往往比较薄，甚至根本不存在。

（4）传输层

传输层的基本功能是接收来自上一层的数据，并且在必要的时候把这些数据分割成小的单元，然后把数据单元传递给网络层，从而确保这些数据片段都能够正确地到达另一端。所有这些工作都必须高效率地完成，且必须使上面各层不受底层硬件技术变化的影响。

传输层还决定了向会话层（实际上最终是向网络的用户）提供哪种类型的服务。其中最为常见的类型是，该传输链接是一个完全无错的点到点信道，此信道按照原始发送的顺序来传输报文或者字节数据。还有其他类型的传输服务，如录入并传输独立的报文（不保证传送的顺序），将报文广播给多个目标等。服务的类型是在建立连接时就确定下来的（顺便说一下，真正完全无错的信道是不可能实现的，人们使用这个术语的真正含义是指错误的发生率足够小，以至于在实践中可以忽略这样的错误）。

传输层是一个真正的端到端的层，所有的处理都是按照从源端到目标端来进行的。换句话说，源机器上的一个程序利用报文头来控制信息，与目标机器上的一个类似的程序进行对话。在其下面的各层上，协议存在于每台机器与它的直接邻居之间，而不存在于最终的源机器和目标机器之间,源机器和目标机器可能被许多中间路由器隔离开了。第一层到第三层是被串连起来的,而第四层到第七层是端到端的。

（5）会话层

会话层主要在系统之间发起会话或者接受会话请求(设备之间需要互相认识,可以是IP 也可以是 MAC 或者是主机名)。所谓会话,通常是指各种服务,包括对话控制、令牌管理以及同步功能。

（6）表示层

表示层可确保一个系统的应用层所发送的信息可以被另一个系统的应用层读取。例如,两台计算机进行通信,其中一台计算机使用扩展二进制/十进制交换码(EBCDIC),而另一台则使用美国信息交换标准码(ASCII)来表示相同的字符,则表示层会使用一种通用格式来实现多种数据格式之间的转换。

在表示层下面的各层中,它们最关注的是如何传递数据位,而表示层关注的是所传递的信息的语法和语义。不同的计算机可能会使用不同的数据表示法,为了让这些计算机能够进行通信,它们所交换的数据结构必须以一种抽象的方式来定义;同时,表示层还应该定义一种标准的编码方式,用来表达网络线路上所传递的数据。表示层管理这些抽象的数据结构,并允许定义和交换更高层的数据结构(比如银行账户记录)。

（7）应用层

应用层是最靠近用户的 OSI 层,这一层为用户的应用程序(例如电子邮件、文件传输和终端仿真)提供网络服务。

应用层包含了各种各样的协议,这些协议往往直接针对用户的需要。其中被广泛使用的应用协议是 HTTP(HyperText Transfer Protocol,超文本传输协议),它也是 WWW(World Wide Web,万维网)的基础。当浏览器需要一个 Web 页面的时候,它利用 HTTP 将所要页面的名字发送给服务器,然后服务器将页面送回给浏览器。其他还有一些应用协议用于文件传输、电子邮件以及网络新闻等。

1.3　TCP/IP 四层模型

ISO 制定的 OSI 参考模型过于庞大、复杂,招致了许多批评。与此对照,由技术人员自己开发的 TCP/IP 协议栈获得了更为广泛的应用。

TCP/IP 协议栈是美国国防部高级研究计划局组建的计算机网(Advanced Research Projects Agency Network,ARPANET)和其后继因特网使用的参考模型。ARPANET 是由美国国防部(U. S.Department of Defense,DoD)赞助的研究网络。最初,它只连接了美国境内的 4 所大学,随后的几年中,它通过租用的电话线连接了数百所大学和政府部门,最终ARPANET 发展成为全球规模最大的互连网络——因特网。最初的 ARPANET 于 1990 年正式退役。

在 TCP/IP 参考模型中,去掉了 OSI 参考模型中的会话层和表示层(这两层的功能被合并到应用层实现),同时将 OSI 参考模型中的数据链路层和物理层合并为网络接口层。TCP/IP 参考模型分为应用层、传输层、网络层和网络接口层四层。如图 1-2 所示:

应用层	Telnet、FTP 和 E-mail
传输层	TCP 和 UDP
网络层	IP、ICMP 和 IGMP
网络接口层	设备驱动程序及接口卡

图 1-2 TCP/IP 四层模型

（1）应用层

应用层是网络应用程序及其应用层协议存留的层次。TCP/IP 协议簇的应用层协议包括用户信息协议（Finger）、文件传输协议（File Transfer Protocol,FTP）、超文本传输协议（Hypertext Transfer Protocol,HTTP）、远程终端协议（Telnet）、简单邮件传输协议（Simple Mail Transfer Protocol,SMTP）、因特网中继聊天（Internet Relay Chat,IRC）、网络新闻传输协议（Network News Transfer Protocol,NNTP）等。

应用层之间交换的数据单位为消息流或报文。

（2）传输层

在 TCP/IP 模型中,传输层的功能是使源端主机和目标端主机上的对等实体可以进行会话。传输层定义了两种服务质量不同的协议,即传输控制协议（Transmission Control Protocol,TCP）和用户数据报协议（User Datagram Protocol,UDP）。

TCP 协议是一个面向连接的、可靠的协议,为应用程序提供了面向连接的服务。这种服务可将一台主机发出的消息流无差错地发往互联网上的其他主机。在发送端,它负责把上层传送下来的消息流分成数据段并传递给下层；在接收端,它负责把收到的数据包进行重组后递给上层。另外,TCP 协议还要处理网络拥塞,在网络拥塞时帮助发送源抑制其传输速度；提供端到端的流量控制,避免缓慢的接收端没有足够的缓冲区接收发送端发送的大量数据。TCP 的协议数据传输单元为 TCP 数据段。

UDP 协议是一个不可靠的、无连接的协议,为应用程序提供无连接的服务。这种服务主要适用于广播数据发送和不需要对报文进行排序和流量控制的场合。UDP 的协议数据传输单元为 UDP 数据报。

（3）网络层

网络层是整个 TCP/IP 协议栈的核心。网络层的协议数据传输单元为数据包或称为分组。网络层的功能是通过路径选择把分组发往目标网络或主机,进行网络拥塞控制以及差错控制。

网际协议（Internet Protocol,IP）是网络层的重要协议,该协议定义了数据包中的各个字段以及端系统和路由器如何作用于这些字段。

网络层中的另一个协议——Internet 控制报文协议（Internet Control Message Protocol,ICMP）用于在 IP 主机、路由器之间传递控制信息。控制信息包括网络是否畅通、主机是否可达、路由是否可用等网络本身的消息。这些控制消息虽然并不传输用户数据,但是对于用户数据的传递起着重要的作用。

另外,网络层也包括决定路由的选择协议（如 RIP、OSPF 等）,数据包根据选定的路由从源传输到目的地。

（4）网络接口层

数据包到达网络接口层后，IP 地址需要转化为对应的 MAC 地址，在本层实现网卡接口的网络驱动，以处理数据在以太网线等物理媒介上的传输，由于网络驱动程序隐藏了不同物理网络的不同电气特性，本层为上层协议提供一个统一的接口。

实际上 TCP/IP 参考模型没有真正描述这一层的实现，只是要求能够提供给其上层（网络层）一个访问接口，以便在其上传递 IP 分组。由于这一层次未被定义，所以其具体的实现方法将随着网络类型的不同而不同。

1.4　OSI 参考模型与 TCP/IP 参考模型的比较

OSI 参考模型和 TCP/IP 参考模型有很多共同点。两者都以协议栈的概念为基础，并且协议栈中的协议彼此相互独立，而且，两个模型中各个层的功能也大体相似。例如，在两个模型中，传输层以及传输层以上的各层都为希望进行通信的进程提供了一种端到端的、与网络无关的服务。这些层形成了传输提供方。另外，在两个模型中，传输层之上的各层也都是传输服务的用户，并且是面向应用的用户。

除了这些基本的相似之处以外，两个模型也有许多不同的地方。

对于 OSI 模型，有三个概念是它的核心——服务、接口和协议。

OSI 模型最大的贡献是使这三个概念的区别变得更加明确了。每一层都为它的上一层执行一些服务。服务的定义指明了该层会做些什么，而不是上一层的实体如何访问这一层，或这一层是如何工作的。

每一层的接口告诉它上面的进程应该如何访问本层，并规定了有哪些参数，以及结果是什么，但是它并没有说明本层内部是如何工作的。

最后，每一层上用到的对等协议是本层自己内部的事情。它可以使用任何协议，只要它能够完成任务，也可以随便改变协议，而不会影响它上面的各层。

OSI 参考模型是在协议发明之前就已经产生的。这种顺序关系意味着 OSI 模型不会偏向于某一组特定的协议，因而不知道该模型更加具有通用性。这种做法的缺点是，设计者在这方面没有太多的经验可以参考，因此不知道哪些功能应该放在哪一层上。

而 TCP/IP 模型却正好与 OSI 模型相反：协议先出现，TCP/IP 模型只是这些已有协议的一个描述而已。所以，协议一定会符合模型，而且两者会吻合得很好。唯一的问题在于，TCP/IP 模型并不适合任何其他的协议栈，因此，要想描述其他非 TCP/IP 网络，该模型并不是很有用。

现在我们从两个模型的基本思想转到更为具体的方面上来，它们之间有一个很显然的区别是层的数目：OSI 模型有 7 层，而 TCP/IP 只有 4 层。它们都有网络层、传输层和应用层，但其他的层并不相同。

另一个区别在于无连接的和面向连接的通信范围有所不同。OSI 模型的网络层同时支持无连接和面向连接的通信，但是传输层只支持面向连接的通信，这是由该层的特点决定的。TCP/IP 模型的网络层只支持一种模式，但是传输层同时支持两种通信模式，这样可以给用户一个选择的机会。这种选择机会对于简单的请求-应答协议特别重要。

1.5 网络通信过程

网络通信是由底层物理网络和各层通信协议实现的,物理网络建立了相互连通的通信实体,通信协议在各个层次上以规范的消息格式和不同的服务能力,保证了数据传输过程中的寻址、路由、转发、可靠性维护、流量控制、拥塞控制等一系列传输能力。网络硬件与协议实现相结合,形成了一个能使网络中任意一对通信实体及计算机上的应用程序相互通信的基本通信结构。

在计算机网络环境中,运行于协议栈上并借助协议栈实现通信的网络应用程序,为用户提供了使用网络的简单界面,主要承担了三个方面的功能:

① 实现通信能力。在协议簇的不同层次上选择特定通信服务,调用相应的接口函数实现数据传输功能。比如在文件传输应用中,使用客户端/服务器模型,选择 TCP 协议完成数据传输。

② 处理程序逻辑。根据程序功能,对网络交换的数据进行加工处理,从而满足用户的种种需求。以文件传输为例,网络应用程序应具备对文件的访问权限管理、断点续传等维护功能。

③ 提供用户交互界面。接受用户的操作指示,将操作指示转换为机器可识别的命令进行处理,并将处理结果显示于用户界面。在文件传输应用中,需提供文件下载选项、文件传输进度的实时显示等界面指示功能。

网络通信为网络应用软件提供了强大的通信功能,而应用软件为网络通信提供了灵活方便的操作系统。但实际上,网络通信层面仅仅提供了一个通用的通信架构,只负责传送信息;而网络应用软件层面仅仅考虑通信接口的调用,两者之间还需要有一些策略,这些策略能够对通信次序、通信过程、通信角色等问题进行协调和约束,从而合理地组织分布在网络不同位置的应用程序,使其能够有序、正确地处理实际业务。

1.5.1 网络通信的服务——面向连接的服务与无连接的服务

计算机网络的下层可以向上提供两种不同类型的服务:面向连接的服务和无连接的服务。

(1) 面向连接的服务

所谓连接,就是两个对等实体为进行数据通信而进行的一种结合。面向连接的服务具有连接的建立、数据的传输和连接的释放这三个阶段。面向连接的服务在数据交换之前,必须建立连接。当数据交换结束后,则必须终止这个连接。在传送数据时是按序传送的。面向连接的服务比较适合于在一定期间内要向同一目的地发送许多报文的情况。对于发送很短的零星报文,面向连接的服务方式开销就显得过大了。

面向连接的服务是基于电话系统模型的。当你打电话的时候,为了与某个人通话,首先要拿起话机,拨对方的号码,然后说话,最后挂机。简单来说,为了使用面向连接的网络服务,用户首先要建立一个连接,然后使用该连接,最后释放连接。有关这种连接最本质的方面在于,它就好像一个管道:发送方把对象(数据位)压入管道的一端,接收方在另一端将它们取出来。在绝大多数情况下,数据位保持原来的顺序,所以,数据位都会按照发送的顺序到达。

在有些情况下,当一个连接建立的时候,发送方、接收方和子网一起协商一组将要使用的参数,比如最大的消息长度、所要求的服务质量,以及其他一些要素。通常情况下,一方应该提出一个建议,然后另一方接受或拒绝该建议,甚至提出相反的建议。

（2）面向无连接的服务

在无连接服务的情况下,两个实体之间的通信不需要建立好一个连接,因此其下层的有关资源不需要事先进行预定保留。这些资源将在数据传输时动态地进行分配。

无连接服务的另一特征是它不需要通信的两个实体是同时活跃的。当发送端的实体正在进行发送时,它才必须是活跃的。这时接收端的实体并不一定必须是活跃的。只有当接收端的实体正在进行接收时,它才必须是活跃的。

无连接服务的优点是灵活方便和比较迅速。但无连接服务不能防止报文的丢失、重复或失序。

无连接服务不需要接收端做任何响应,因而是一种不可靠的服务。这种服务常被描述为"尽力而为"。

无连接的服务类似邮政系统模型。每一条报文都携带了完整的目标地址,所以,每条报文都可以被系统独立地路由。一般来说,当两条报文被发送给同一个目标的时候,首先被发送的报文将会先到达。然而,先发送的报文因为被延迟从而导致后发送的信息先到达的情况也是有可能发生的。

每个服务都可以用一个服务质量来表述其特征。有些服务是可靠的,因为它们从来不丢失数据。一个可靠的服务通常是这样来实现的:让接收方向发送方确认收到了每一条消息,从而发送方就可以保证报文已经到达。确认的过程引入了额外的负载和延迟,一般情况下这是值得的,但有时也不尽然。

对于可靠的面向连接的服务,一种典型的情形是文件传输。文件的所有者希望保证所有的位都能够正确地到达,而且到达的顺序与发送的顺序相同。如果一种文件传输服务偶尔会出现乱码或者丢失数据位,那么即使它的传输速度再快也不会受到欢迎。

可靠的面向连接的服务有两种变形:报文序列和字节流。前一种形式总是要保持报文的边界。发送两个 1024 字节的报文,收到的仍然是两个独立的 1024 字节的报文,绝不可能是一条 2048 字节的报文。而在后一种形式中,该连接只是一个字节流,没有任何报文边界。当 2048 个字节到达接收方的时候,接收方无法判断在发送的时候它是一个 2048 字节的消息,还是两个 1024 字节的消息,或者是 2048 个 1 个字节的消息。例如,如果将一本书的每一页当作单独的一个报文,通过网络发送给一台打印机,此时保持报文的边界可能会非常重要。但当一个用户登录到一台远程服务器上的时候,可能仅仅是一个从用户计算机到服务器的字节流就足够了,这时报文的边界并不重要。

正如上面所提到的,对于有些应用而言,由于确认过程而引入的传输延迟是不可接受的。比如,数字化的语音传输就是这样一个应用。对于电话用户来说,他们宁可时不时地听到线路上有一点噪音,也不愿意等待因确认而造成的延迟。类似地,当传输一个视频会议流量时,有少数的像素错误并不算什么问题,但是让图像停顿下来以便纠正错误则是让人难以接受的。

并不是所有的应用都要求连接。例如,随着电子邮件日益普及,电子垃圾也变得日益膨胀起来。电子垃圾邮件的发送方可能并不愿意只是为了发送一条消息就建立连接,然后再拆除连接。百分之百的可靠传递并不那么重要,特别是要为此付出很昂贵的代价的时候更是如此。这里发送单个邮件,不需要一定到达,而只需要保证这些邮件以极高的概率到达即可。不可靠的无连接服务通常称为数据报服务,它与电报服务非常类似,在电报服务中,也不会给发送方回送确认消息。

在有些情况下,"不需要建立连接就可以发送一条短的消息"这种做法确实非常方便,而且这种方便性也是我们所期望的,但是可靠性仍然非常重要。对于这些应用来说,有确认的数据报服务是非常合适的。

还有一种服务是请求-应答服务。在这种服务中,发送方传输一个数据报,其中只包含一个请求;应答数据报中包含了答案。请求-应答服务通常用来实现客户端-服务模型中的通信过程:客户端发出一个请求,然后服务器做出应答。这在 1.5.2 小节中会详细介绍。表 1-1 服务类型及其例子总结了以上讨论的服务类型。

表 1-1　服务类型及其例子

类　型	服　务	例　子
面向连接	可靠的报文流	页码序列
	可靠的字节流	远程登录
面向无连接	不可靠的连接	数字化的语音
	不可靠的数据报	电子垃圾邮件
	有确认的数据报	挂号信
	请求-应答	数据库查询

1.5.2　客户端/服务器模型

在网络应用进程通信时,最主要的进程间交互的模型是客户端/服务器(Client/Server, C/S)模型。客户端/服务器模型的建立基于以下两点:

首先,建立网络的起因是网络中软硬件资源、运算能力和信息不均等,需要共享,从而造就了由拥有众多资源的主机提供服务而资源较少的客户请求服务这一非对等关系。

其次,网络间进程通信完全是异步的,相互通信的进程既不存在父子关系,也不共享内存缓冲区,因此需要一种机制为希望通信的进程建立联系,为二者的数据交换提供同步。

客户端/服务器模型于 20 世纪 90 年代开始流行,该模型将网络应用程序分为两部分,服务器负责数据管理,客户完成与用户的交互。该模型具有健壮的数据操纵和事务处理能力。

在客户端/服务器模型中,客户端和服务器分别是两个独立的应用程序,即计算机软件。
- 客户端(Client):请求的主动方,向服务器发出服务请求,接收服务器返回的应答。
- 服务器(Sever):请求的被动方,开放服务,等待请求,收到请求后,提供服务,做出响应。
- 用户(User):使用计算机的人。

客户端/服务器模型最重要的特点是非对等相互作用,即客户端与服务器处于不平等的地位,服务器拥有客户端所不具备的硬件和软件资源以及运算能力,服务器提供服务,客户端请求服务。客户端/服务器模型相互作用的简单过程如图 1 - 3 所示。

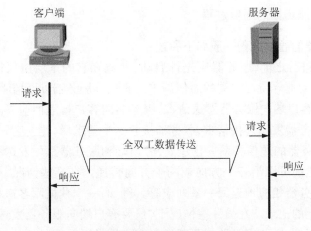

图 1 - 3　客户端/服务器的基本交互过程

在这个过程中,服务器处于被动服务的地位。首先服务器要先启动,并根据客户端请求提供相应的服务,服务器的工作过程如下:

(1) 打开一个通信通道,告知服务器进程所在主机将要在某一公认的端口[通常是 RFC(一系列以编号排定的文件) 文档中分配的知名端口或双方协商的端口]上接收客户端请求。

(2) 等待客户端的请求,处理该请求并发送应答。

(3) 服务器接收到服务请求,处理该请求并发送应答。

(4) 返回第(2)步,等待并处理另外一个客户端的请求。

(5) 当特定条件满足时,关闭服务器。

注意,在步骤(3)服务器处理客户端请求的过程中,服务器的设计可能会有很多策略。比如在处理简单客户端请求时,服务器通常用单线循环处理的方式工作,而在处理负责不均等客户端请求时,为了能够并发地接收多个客户端的服务请求,服务器会创建一个新的进程或线程来处理每个客户端的请求。另外,当使用不同的底层传输服务时,服务器在通信模块的调用上也会有所差别。

客户端采取的是主动请求方式,其工作过程如下:

① 打开一个通信通道,告知客户端进程所在主机将要向某一公认的端口上请求服务。

② 向服务器发送请求报文,等待并接收应答,然后继续提出请求。

③ 请求结束后,关闭通信通道并终止进程。

注意:在步骤①,当使用不同的底层传输服务时,客户端在通信模块的调用上会有所差别,比如使用 TCP 的客户端需要首先连接到服务器所在主机的特定监听端口后再请求服务,而使用 UDP 的客户端只需要在指定服务器地址后直接发送服务请求。

从上面描述的过程可知,客户端和服务器都是运行于计算机中网络协议栈之上的应用进程,借助网络协议栈进行通信。服务器运行于高性能的服务器类计算机上,借助网络,可以为成千上万的客户端服务;客户端软件运行于用户的 PC 机上,有良好的人机界面,通过网络请求得到服务器的服务,共享网络的信息和资源。例如,在著名的 WWW 应用中,IE 浏览器是客户端,IIS 则是服务器。

1.5.3　客户端/服务器的通信过程

客户端和服务器的通信过程一般如下所述:

① 在通信可以进行之前,服务器应先行启动,并通知它的下层协议栈做好接收客户端请求的准备,然后被动地等待客户端的通信请求。我们称服务器处于监听状态。

② 一般是先由客户端向服务器发送请求,服务器向客户端返回应答。客户端随时可以主动启动通信,向服务器发出连接请求,服务器接收这个请求后,建立它们之间的通信关系。

③ 客户端与服务器的通信关系一旦建立,客户端和服务器都可发送和接收信息。信息在客户端与服务器之间可以沿任一方向或两个方向传递。在某些情况下,客户端向服务器发送一系列请求,服务器相应地返回一系列应答。例如,一个数据库客户端程序可能允许用户同时查询一个以上的记录。在另一些情况下,只要客户端向服务器发送一个请求,建立了客户端与服务器的通信关系,服务器就不断地向客户端发送数据。例如,一个地区气象服务器可能不断地发送包含最新气温和气压的天气报告。要注意到服务器既能接收信息,又能发送信息。例如,大多数文件服务器都被设置成向客户端发送一组文件,也就是说,客户端发出一个包含文件名的请求,而服务器通过发送这个文件来应答。然而,文件服务器也可被设置成向它输入文件,即允许客户端发送一个文件,服务器接收并将其储存于磁盘。所以在客户端/服务器模式中,虽然通常安排成客户端发送一个或多个请求,服务器返回应答的方式,但其他的交互也是可能的。

第 2 章　socket API 简介

2.1　socket(套接字)概念

在多个端系统中的多个应用程序之间要相互发送报文,必须通过网络,这些应用进程通过一个被称为套接字(socket)的软件接口在网络上发送和接收报文。socket 的本意是插座、插槽,在这里可以理解为应用程序连接到网络的"插座",是应用程序调用网络协议进行通信的接口,通过它,应用程序可以发送和接收数据。

socket 起源于 Unix 操作系统,最初是作为 Unix 操作系统的一部分而开发的。TCP/IP 标准没有定义与该协议进行交互的应用程序编程接口(API),而是接受了 socket 编程接口。后来的许多操作系统也没有另外开发其他的接口,而是选择了 socket 编程接口的支持。Windows 套接字(以下简称 WinSock)大部分是参考 Unix 套接字设计的,所以很多地方都跟 Linux 套接字类似。因此,只需要更改 Linux 环境下编好的一部分网络程序内容,就能在 Windows 操作系统下运行。本书会同时讲解在 Linux 和 Windows 两个主流操作系统下的网络编程方法,在实验部分,对于同一个实验,也会同时给出在这两个操作系统上运行的实例代码。

值得注意的是,名词 socket 在计算机网络中有多种不同的意思,概念很容易弄混淆。例如:

(1) 允许应用程序访问连网协议的应用编程接口 API,也就是在传输层和应用层之间的一种接口,称为 socket API,简称为 socket。

(2) 在 socket API 中的一个函数名也叫作 socket。

(3) 调用 socket()函数时其返回值称为 socket 描述符,可简称为 socket。

(4) 在操作系统内核中连网协议的实现,称为 socket 实现。

各位读者在阅读本书时,如遇到 socket 这个名词,请注意联系上下文语境。

socket(套接字)是通信的基石,是支持 TCP/IP 协议网络通信的基本操作单元。可以将套接字看作是不同主机的不同进程之间进行双向通信的端点,它构成了单个主机内及整个网络间的编程界面。socket 是一个抽象的概念,它把复杂的 TCP/IP 协议族隐藏在 socket 接口后面,对前台用户来说,在程序开发的时候只需要面对一个套接字描述符和一组简单的函数,而在后台,socket 负责组织数据,使用指定的协议进行通信。

应用程序调用 socket 的 API 实现相互之间的通信。socket 又利用下层的网络通信协议功能和操作系统调用,实现实际的通信工作。它们之间的关系如图 2-1 所示。

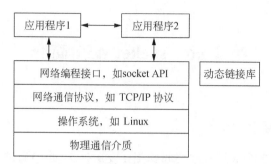

图 2-1 应用程序与 socket 关系图

2.2 socket 的初始化

2.2.1 基于 Linux 操作系统的初始化

（1）socket 初始化

在 Linux 世界里，socket 操作与文件操作没有区别，socket 也被认为是文件的一种，因此在网络数据传输过程中可以使用与文件 I/O 相关的函数。Windows 则与 Linux 不同，要区分 socket 和文件。因此在 Windows 中需要调用特殊的、与数据传输相关的函数。

文件和套接字一般要经过创建过程才会被分配文件描述符。Linux 中的文件描述符在 Windows 中被称为句柄。

Linux 将 socket 接口函数声明事先放在 sys/socket.h 文件中，在 Linux 中要创建一个 socket，只需在程序模块的开头将 Linux 提供的 sys/socket.h 文件用#include 指令调入。

下面的例子中，Linux 同时创建文件和套接字，并用整数型比较返回的文件描述符值。

```c
#include<stdio.h>
#include<fcntl.h>
#include<unistd.h>
#include<sys/socket.h>

int main(void)
{
    int fd1,fd2;
    fd1=socket(PF_INET,SOCK_STREAM,0);
    fd2=open("test.dat",O_CREAT|O_WRONLY|O_TRUNC);
    printf("file descriptor 1:%d\n",fd1);
    printf("file descriptor 2:%d\n",fd2);
    close(fd1);close(fd2);
    return 0;
}
```

在 Eclipse 环境下的运行结果为：

file descriptor 1:3

file descriptor 2:4

（2）错误检查和控制

在调用任何一个 socket（）函数之后可用 GetLastError（）函数来获得详细的错误代码,它能明确地表明错误发生的状况。该函数的定义如下:

```
int  GetLastError (void);
```

发生错误之后调用这个函数,就会返回所发生的特定错误代码。

2.2.2　基于 Windows 操作系统的实现

（1）WinSock 的初始化

为了在 WinSock 操作系统下进行网络编程,需要设置头文件和库。

① 导入头文件 winsock2. h。

② 链接 ws2_32. lib 库。

所以在 Windows 操作系统下编写套接字程序,必须先初始化 WinSock。首先调用 WSAStartup（）函数,并初始化相应版本的库。

```
#include <winsock2.h>
int WSAStartup(WORD wVersionRequested,LPWSADATA lpWSAData);
```

● wVersionRequested:程序员要用的 Winsock 版本信息。WinSock 存在多个版本,应准备 WORD 类型的套接字版本信息(WORD 是通过 typedef 声明定义的 unsigned short 类型),并传递给该函数的第一个参数 wVersionRequested。比如版本为 1.2,其中 1 是主版本号,2 是副版本号,应传递 0x0201。

如前所述,高 8 位为副版本号,低 8 位为主版本号,以此进行传递。本书使用 2.2 版本,故应该传递 0x0202。不过,以字节为单位手动构造版本信息有些麻烦,借助 MAKEWORD 宏函数则能轻松构建 WORD 型版本信息。

● lpWSAData:此参数中需要传入 WSADATA 型结构体变量地址(LPWSADATA 是 WSADATA 的指针类型)。调用完函数后,相应参数中将填充已初始化的库信息。

下面给出 WSAStartup（）函数调用过程,这段代码几乎成为 WinSock 编程的公式。

```
#include <winsock2.h>
int main(int argc, char * argv[])
{
   WSADATA  wsaData;
   if(WSAStartup(MAKEWORD(2,2),&wsaData)!=0)
   ErrorHandling("WSAStartup()  error!");
……
  return 0;
}
```

（2）WinSock 的终止

前面已经介绍了 WinSock 相关库的初始化方法,接下来讲解如何注销该库。

```
#include <winsock2.h>
int WSACleanup(void);
```

成功时返回 0,失败时返回 SOCKET_ERROR。

调用 WSACleanup( )函数时,WinSock 相关库将归还 Windows 操作系统,无法再调用 WinSock 相关函数。从原则上讲,无须再使用 WinSock( )函数时才调用该函数,但通常都在程序结束之前调用。

(3) 错误检查和控制

WinSock 提供了函数 WSAGetLastError( )来获取最近的错误码。

错误检查和控制对于编写任何程序而言,都是至关重要的。事实上,对 WinSock( )函数来说,返回错误是相当常见的现象。在调用任何一个 WinSock( )函数之后可用 WSAGetLastError( )函数来获得详细的错误代码,它能明确地表明错误发生的状况。该函数的定义如下:

```
int  WSAGetLastError(void);
```

发生错误之后调用这个函数,就会返回所发生的特定错误代码。WSAGetLastError( )函数返回的这些错误都已预定义常量值,根据 WinSock 版本的不同,这些值的声明含在头文件 winsock.h 或者 winsock2.h 中。两个头文件的唯一差别是 winsock2.h 中包含的错误代码(针对 WinSock 2 中引入的一些新的 API 函数和性能)更多。各种错误代码定义的常量(带有#定义指令)一般都以 WSA 开头。

2.3　创建和释放套接字

创建和释放套接字分别用 socket( )函数和 close( )/closesocket( )函数,下面详细介绍二者的原型及说明。

2.3.1　socket( )函数

socket( )函数用于根据指定的地址族、数据类型和协议来分配一个套接字的描述符及其所用的资源。如果协议 protocol 未指定(等于 0),则使用缺省的连接方式。

函数原型

```
SOCKET socket (
    int domain,
    int type,
    int protocol
);
```

参数说明

● domain:指定通信协议族(protocol family)。PF_INET 是协议族,AF_INET 是地址族,二者的定义取值是一样的,使用的时候一般不区分,它们使用 TCP 或 UDP 来传输,用 IPv4 的地址。AF_UNIX 本地协议,使用在 Unix 和 Linux 系统上,一般都是当客户端和服务器在同一台机器上的时候使用。

● type:套接字的类型。在 AF_INET 地址族下,有 SOCK_STREAM、SOCK_DGRAM、

SOCK_RAW 三种套接字类型,见表 2 - 1 套接字类型。

表 2 - 1　套接字类型

类　型	解　释
SOCK_STREAM	提供有序的、可靠的、双向的和基于连接的字节流,使用带外数据传送机制,也就是通常所说的 TCP
SOCK_DGRAM	支持无连接的、不可靠的和使用固定大小(通常很小)缓冲区的数据报服务,就是通常所说的 UDP
SOCK_RAW	用于提供一些较低级的控制

SOCK_STREAM 类型为全双向字节流的套接字。对于这类套接字,在接收或发送数据前必须确保套接字处于已连接状态。使用 connect( )函数建立与另一个套接字的连接,连接成功后,就可以用 send( )和 recv( )函数传送数据。当会话结束后,在 Windows 操作系统下调用 closesocket( )函数(在 Linux 操作系统下调用 close( )函数)关闭套接字。实现 SOCK_STREAM 类型套接字的通信协议能够保证数据不会丢失也不会重复。如果终端协议有缓冲区空间,且数据不能在一定时间成功发送,则认为连接中断。

SOCK_DGRAM 类型套接字一般使用 sendto( )和 recvfrom( )函数发送与接收数据报文。如果某个套接字是用 connect( )函数发起连接的,那么也可以用 send( )和 recv( )函数进行数据报的发送与接收。

● protocol:协议类型。常用的公共协议有 IPPROTO_TCP、IPPROTO_UDP、IPPROTO_SCTP、IPPROTO_TIPC 等,它们分别对应 TCP 传输协议、UDP 传输协议、SCTP 传输协议、TIPC 传输协议。一般将 protocal 设为 0,表示使用默认的协议。

返回值

成功返回非负整数,返回值与文件描述符类似,我们把它称为套接口描述字,简称套接字。失败返回-1。

2.3.2　close ( )/closesocket( )函数

完成了读写操作就要关闭相应的 socket 描述字,与 socket( )函数的功能正好相反,close( )函数负责关闭一个套接字,好比操作完打开的文件后要调用 fclose( )函数关闭打开的文件。

函数原型

Linux 操作系统下:

```
int close (
    int sockfd
);
```

Windows 操作系统下:

```
int closesocket (
    SOCKET sockfd
);
```

更确切地说,该函数释放套接字描述符 sockfd 后,将不会再允许对套接字进行读操作和写操作。任何有关对套接字描述符进行读和写的操作都会接收到一个错误。若本次是对套接字的最后一次访问,那么相应的名字信息及数据队列都将被释放。

注意:在 Windows 系统下,socket 被定义为 int,故在本书后续的引用中不做区分。

2.4 面向连接的协议(TCP)

在"客户端/服务器(Client/Server)"模型中,"服务器"其实是一个进程,它需要等待任意数量的客户端连接,以便为它们的请求提供服务。对服务器来说,必须在一个已知的"名字"上监听连接。在 TCP/IP 中,这个名字就是本地接口的某个 IP 地址+端口号。第一步是将指定协议的套接字绑定到它已知的名字上。这个过程是通过 API 调用 bind( )函数来完成的。下一步是将套接字置为监听模式。这是用 API 函数 listen( )来完成的。最后,若一个客户端试图建立连接,服务器必须调用 accept( )函数来接受连接。而客户端也有三步操作:首先用 socket( )创建一个套接字;然后解析服务器名;最后用 connect( )初始化一个连接。TCP 详细的工作流程请参见第 3 章。本节主要介绍 TCP 工作流程中用到的函数及其参数介绍。

2.4.1 bind( )函数

在 TCP 协议的服务器端,一旦创建了套接字,就必须将它绑定到一个已知 IP 地址和端口号上。bind( )函数可将指定的套接字同一个已知地址绑定到一起。

函数原型

Linux 操作系统下:

```
#include<sys/socket.h>
int bind(
    int sockfd,
    const struct sockaddr * addr,
    socklen_t addrlen
);
```

Windows 操作系统下的函数名和参数名都和 Linux 操作系统相同,只是将 socket 变量的类型 int 宏定义为 SOCKET,再给出函数的声明。后面其他函数只给出 Linux 下的定义方式。

```
int bind (
    SOCKET sockfd,
    const struct sockaddr *  addr,
    int addrlen
);
```

参数说明

- sockfd:socket( )函数返回的套接字。
- addr:要绑定的地址。

● addrlen：地址长度。

返回值

成功返回 0，失败返回 -1。

服务器程序所监听的网络地址和端口号通常是固定不变的，客户端程序得知服务器程序的地址和端口号后就可以向服务器发起连接，因此服务器需要调用 bind( ) 函数绑定一个固定的网络地址和端口号。

bind( ) 的作用是将参数 sockfd 和 addr 绑定在一起，使 sockfd 这个用于网络通信的文件描述符监听 addr 所描述的地址和端口号。struct sockaddr * 是一个通用指针类型，addr 参数实际上可以接受多种协议的 sockaddr 结构体（具体定义请参见 2.7 节），而它们的长度各不相同，所以需要第三个参数 addrlen 指定结构体的长度。如：

```
struct sockaddr_in servaddr;
bzero(& servaddr, sizeof(servaddr));
servaddr.sin_family = AF_INET;
servaddr.sin_addr.s_addr = htonl(INADDR_ANY);
servaddr.sin_port = htons(6666);
```

首先将整个结构体清零，然后设置地址类型为 AF_INET，网络地址为 INADDR_ANY，这个宏表示本地的任意 IP 地址，因为服务器可能有多个网卡，每个网卡也可能绑定多个 IP 地址，这样设置可以在所有的 IP 地址上监听，直到与某个客户端建立了连接时才确定下来到底用哪个 IP 地址，端口号为 6666。

如无错误发生，则 bind( ) 返回 0；失败的话，将返回 -1。

通常服务器在启动的时候都会绑定一个众所周知的地址（如 ip 地址+端口号）用于提供服务，客户端可以通过这个地址来连接服务器。而客户端不用指定端口号，系统会自动分配一个端口号和自身的 IP 地址组合。这就是为什么通常服务器端在 listen 之前会调用 bind( )，客户端则不会调用 bind( )，因为在调用 connect( ) 时系统会随机生成一个。

2.4.2　listen( ) 函数

一般来说，listen( ) 函数应该在调用 socket( ) 和 bind( ) 函数之后，调用函数 accept( ) 之前调用。

对于给定的监听套接字，内核要维护两个队列，如图 2-2 所示。

(1) 已由客户端发出并到达服务器，服务器正在等待完成相应的 TCP 三次握手过程，如图 2-3 所示。

(2) 已完成连接的队列。

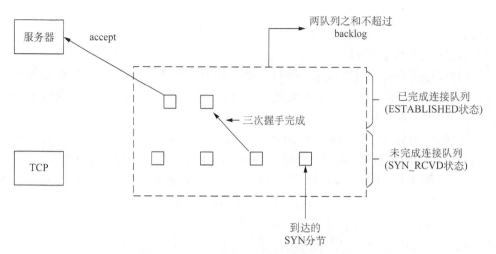

图 2 - 2 TCP 为监听套接字维护的两个队列

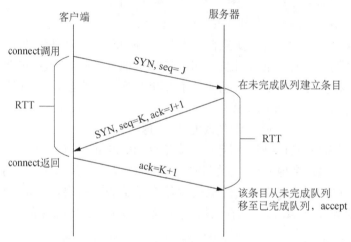

图 2 - 3 TCP 三次握手和监听套接字的两个队列

函数原型

```
int listen(
    int sockfd,
    int backlog
);
```

参数说明

● sockfd:指定套接字。

● backlog:指定了正在等待连接的最大队列长度。这个参数非常重要,因为完全可能同时出现几个服务器连接请求。例如,假定 backlog 参数为 2。如果三个客户端同时发出请求,那么头两个会被放在一个"待决"(等待处理)队列中,以便应用程序依次为它们提供服务。而第三个连接请求会被忽略。注意,一旦服务器接受了一个连接,那个连接请求就会从队列中删去,以便继续等待其他请求。

实际上,backlog 参数本身存在着限制,这个限制是由底层的协议提供者决定的。如果出现非法值,那么会用与之最接近的一个合法值来取代。除此以外,对于如何知道实际的 backlog 值,其实并不存在一种标准手段。

返回值

listen()成功返回 0,失败返回-1。

2.4.3　accept()函数

接受客户端连接是通过 accept()函数来完成的。

功能:从已完成连接队列返回第一个连接,如果已完成连接队列为空,则阻塞。

函数原型

```
int accept(
    int sockfd,
    struct sockaddr * addr,
    socklen_t * addrlen
);
```

参数说明

- sockfd:socket 文件描述符。
- addr:传出参数,返回连接客户端地址信息,含 IP 地址和端口号。
- addrlen:传入传出参数(值-结果),传入 sizeof(addr)大小,函数返回时返回真正接收到地址结构体的大小。

返回值

成功时返回一个新的 socket 文件描述符,用于和客户端通信,失败时返回-1,设置 errno。

三次握手完成后,服务器调用 accept()接受连接,如果服务器调用 accept()时还没有客户端的连接请求,就阻塞等待直到有客户端连接上来。addr 是一个传出参数,accept()返回时传出客户端的地址和端口号。addrlen 参数是一个传入传出参数(value-result argument),传入的是调用者提供的缓冲区 addr 的长度,以避免缓冲区溢出问题;传出的是客户端地址结构体的实际长度(有可能没有占满调用者提供的缓冲区)。如果给 addr 参数传 NULL,表示不关心客户端的地址。

我们的服务器程序结构是这样的:

```
while (1) {
    cliaddr_len=sizeof(cliaddr);
    connfd = accept (listenfd, (struct sockaddr * )& cliaddr, &
cliaddr_len);
    n=read(connfd, buf, MAXLINE);
    ……
    close(connfd);
}
```

这是一个 while 死循环,每次循环处理一个客户端连接。由于 cliaddr_len 是传入传出参数,每次调用 accept( )之前应该重新赋初值。accept( )的参数 listenfd 是先前的监听文件描述符,而 accept( )的返回值是另外一个文件描述符 connfd,之后与客户端之间就通过这个 connfd 通信,最后关闭 connfd 断开连接,而不关闭 listenfd,再次回到循环开头 listenfd 仍然用作 accept 的参数。accept( )成功返回一个文件描述符,出错返回-1。

2.4.4　connect( )函数

功能:建立一个连接至 addr 所指定的套接字。

函数原型

```
int connect (
    int sockfd,
    const struct sockaddr * addr,
    socklen_t addrlen
);
```

参数说明

- sockfd:未连接套接字。
- addr:要连接的套接字地址。
- addrlen:第二个参数 addr 长度。

返回值

成功返回 0,失败返回-1。

客户端需要调用 connect( )连接服务器,connect 和 bind 的参数形式一致,区别在于 bind 的参数是自己的地址,而 connect 的参数是对方的地址。connect( )成功返回 0,出错返回-1。

2.4.5　send( )函数

要在已建立连接的套接字上发送数据,可以使用 send( )函数,

函数原型

```
int send (
    int sockfd,
    const char * buf,
    int len,
    int flags
);
```

参数说明

- sockfd:是由 accept( )函数返回的,或者经过 connect( )函数调用的已经建立连接的套接字,该函数将在这个套接字上发送数据。
- buf:包含待发送数据的缓冲区。第三个参数 len 用来指定 buf 的长度。
- flags:可为 0、MSG_DONTROUTE 或 MSG_OOB,以及它们按位"或"运算的任意一个结果。MSG_DONTROUTE 标志要求不要将它发出的包路由出去,由底层的传输决定是否实现这一请求,

若协议不支持该选项,这一请求就会被忽略。MSG_OOB 标志预示数据应该被带外发送。

返回值

如果成功调用,send( )返回实际发送的字节数;若发生错误,就返回-1。

Linux 系统返回的错误信息:

- EBADF:参数 sockfd 为非法的 socket 处理代码。
- EFAULT:参数中有一指针指向无法存取的内存空间。
- EINTR:被信号所中断。
- EAGAIN:此动作会令进程阻断,但参数 sockfd 的 socket 为不可阻断的。
- ENOBUFS:系统的缓冲内存不足。
- EINVAL:传给系统调用的参数不正确。

Windows 系统返回的错误信息在上述错误码前加 WSA。

2.4.6　recv( )函数

在已连接套接字上接收数据的最常见方法是使用 recv( )函数。它的定义如下:

函数原型

```
int recv (
    int sockfd,
    void *buff,
    size_t nbytes,
    int flags
);
```

参数说明

- sockfd:准备接收数据的套接字。
- buff:用来存放收到数据的缓冲区。
- nbytes:缓冲区 buff 的长度。
- flags:可以是下面的值:0、MSG_PEEK 或 MSG_OOB,以及它们按位"或运算"的任意一个结果。0 表示无特殊行为。MSG_PEEK 会使有用的数据复制到所提供的接收端缓冲内,但是不从系统缓冲中将它删除。recv( )函数返回实际接收的字节数。

使用 MSG_PEEK 参数有一些缺点,它不仅会导致性能下降(因为需要进行两次系统调用,一次是取数,另一次是无 MSG_PEEK 标志的真正删除数据),在某些情况下还可能不可靠。返回的数据可能没有反映出真正有用的数量。与此同时,把数据留在系统缓冲内,可容纳接入数据的系统空间就会越来越小。其结果往往是,系统减少各发送端的 TCP 窗口容量。因而应用就不能获得最大限度的流通。最好是把所有数据都复制到自己的缓冲中,并在那里计算数据。

返回值

错误信息:

- recv 先等待 sockfd 的发送缓冲区的数据被协议传送完毕,如果协议在传送 socket 的发送缓冲区中的数据时出现网络错误,那么 recv( )函数返回 SOCKET_ERROR。

● 如果套接字 sockfd 的发送缓冲区中没有数据或者数据被协议成功发送完毕后,recv 先检查套接字 sockfd 的接收缓冲区,如果 sockfd 的接收缓冲区中没有数据或者协议正在接收数据,那么 recv 就一起等待,直到把数据接收完毕。当协议把数据接收完毕时,recv( ) 函数就把 sockfd 的接收缓冲区中的数据复制到 buff 中(注意协议接收到的数据可能大于 buff 的长度,所以在这种情况下要调用几次 recv( ) 函数才能把 sockfd 的接收缓冲区中的数据复制完。recv( ) 函数仅仅是复制数据,真正的接收数据是协议来完成的)。

● recv( ) 函数返回其实际复制的字节数,如果在复制时出错,那么它返回 SOCKET_ERROR。如果在等待协议接收数据时网络中断了,那么它返回 0。

● 在 Linux 系统下,如果 recv( ) 函数在等待协议接收数据时网络断开了,那么调用 recv 的进程会接收到一个 SIGPIPE 信号,进程对该信号的默认处理是进程终止。

2.5 无连接协议(UDP)

传输层主要应用的协议模型有两种,一种是 TCP 协议,另外一种则是 UDP 协议。TCP 协议在网络通信中占主导地位,绝大多数的网络通信借助 TCP 协议完成数据传输。但 UDP 也是网络通信中不可或缺的重要通信手段。

相较于 TCP 而言,UDP 通信的形式更像是发短信。不需要在数据传输之前建立和维护连接,只专心获取数据就好。省去了三次握手的过程,通信速度可以大大提高,但与之伴随的通信的稳定性和正确率便得不到保证。因此,我们称 UDP 为"无连接的不可靠报文传递"。

使用无连接协议,对于一个接收数据的进程来说,先用 socket( ) 函数建立套接字,再通过 bind( ) 函数(和面向连接一样)把这个套接字和准备接收数据的接口绑定在一起。和面向连接不同的是,无连接协议不必调用 listen( ) 和 accept( ) 函数就可以直接等待接收数据。由于没有连接,因此网络上任何一台机器发过来的数据报都可以被接收端的套接字接收到。无连接协议的接收( )函数是 recvfrom( ),而发送( )函数是 sendto( )。

2.5.1 recvfrom( ) 函数

recvfrom( )函数用来接收远程主机经指定的 socket 传来的数据,并把数据存到指定的内存空间。

函数原型

```
int recvfrom(
    int sockfd,
    void *buf,
    int len,
    unsigned int flags,
    struct sockaddr *from,
    int *fromlen
);
```

参数说明

● sockfd:已创建的套接字。

- buf：内存中的存储空间，用来保存收到的数据。
- len：可接收数据的最大长度；参数 flags 一般设为 0。
- from：用来指定欲传送的网络地址；结构 sockaddr 的详细介绍请参见第 2.7 节；参数 fromlen 为 sockaddr 的结构长度。

返回值

成功则返回接收到的字符数，失败则返回 -1，错误原因存于 errno 中。

Linux 系统返回的错误信息：

- EBADF：参数 s 为非合法的 socket 处理代码。
- EFAULT：参数中有一指针指向无法存取的内存空间。
- ENOTSOCK：参数 s 为一文件描述词，而非 socket。
- EINTR：被信号所中断。
- EAGAIN：此动作会令进程阻断，但参数 s 的 socket 为不可阻断的。
- ENOBUFS：系统的缓冲内存不足。
- ENOMEM：核心内存不足。
- EINVAL：传给系统调用的参数不正确。

Windows 操作系统返回的错误信息在上述错误码前加 WSA。

2.5.2　sendto( ) 函数

sendto( ) 函数是将数据由指定的 socket 发送给对方主机。

函数原型

```
int sendto(
    int sockfd,
    const void * msg,
    int len,
    unsigned int flags,
    const struct sockaddr * to,
    int tolen
);
```

参数说明

- sockfd：已创建的套接字。
- msg：指向欲连线的数据内容。
- flags：一般设为 0，详细描述请参考 send( ) 函数。
- to：用来指定欲传送的网络地址。sockaddr 的详细介绍请参考第 2.7 节。
- tolen：为 sockaddr 的结果长度。

返回值

成功则返回实际传送出去的字符数，失败返回 -1，错误原因存于 errno 中。

Linux 系统返回的错误信息：

- EBADF：参数 s 为非法的 socket 处理代码。

- EFAULT:参数中有一指针指向无法存取的内存空间。
- ENOTSOCK:参数 s 为一文件描述词,而非 socket。
- EINTR:被信号所中断。
- EAGAIN:此动作会令进程阻断,但参数 s 的 socket 为不可阻断的。
- ENOBUFS:系统的缓冲内存不足。
- EINVAL:传给系统调用的参数不正确。

Windows 系统返回的错误信息在上述错误码前加 WSA。

2.6 端口号

IP 地址用于区分计算机,只要有 IP 地址就能向目标主机传输数据,但仅凭这些无法将数据传输给最终的应用进程。假设某人在看视频的时候同时在网上冲浪,这时至少需要 1 个接收视频数据的套接字和 1 个接收网页信息的套接字。问题在于如何区分二者。简言之,传输到计算机的网络数据是发送给播放器,还是发送给浏览器? 不同的应用使用不同的套接字,那如何区分这些套接字呢? 这就需要用端口号来区分,端口号就是在同一操作系统内为区分不同套接字而设置的。

计算机中一般配有网卡(Network Interface Card,NIC)数据传输设备。通过 NIC 向计算机内部传输数据时会用到 IP。操作系统负责把传递到内部的数据,根据端口号分发给不同的套接字,也就是说,通过 NIC 接收的数据内有端口号,操作系统正是参考此端口号把数据传输给相应端口的套接字。

端口号由 16 位构成,可分配的端口号范围是 0~65535。在选择端口时必须特别小心,因为有些可用端口号是为已知的(即固定的)服务保留的,比如说文件传输协议(FTP)和超文本传输协议(HTTP)。已知的协议采用的端口由互联网编号分配认证机构(IANA)统一控制和分配,在 RFC 1700 中有说明。一般来讲,端口号分为三类:已知端口、已注册端口、动态和(或)私用端口。

- 0~1023 由 IANA 控制,是为固定服务保留的。
- 1024~49151 是 IANA 列出来的、已注册的端口,供普通用户的普通用户进程或程序使用。
- 49152~65535 是动态和(或)私用端口。

普通用户应用应该选择 1024~49151 的已注册端口,从而避免端口号已经被另一个应用或系统服务所用。此外,49152~65535 的端口可自由使用,因为 IANA 没有在这些端口上注册服务。

另外,虽然端口号不能重复,但 TCP 套接字和 UDP 套接字不会共用一个端口号,所以允许重复。例如:如果某 TCP 套接字使用 9190 号端口,则其他 TCP 套接字就无法使用该端口号,但 UDP 套接字可以使用。

所以,数据传输目标地址应该同时包含 IP 地址和端口号,只有这样,数据才会被传输到最终的目的应用程序(应用程序套接字)。

2.7 地址转换函数

应用程序中使用的 IP 地址和端口号以结构体的形式给出了定义,地址转换函数的主要作用是完成以字符串表示的 IP 地址与以整数表示的 IP 地址之间的转换。本节将以 IPv4 为中心,围绕此结构体讨论目标地址的表示方式。

针对某个专用协议有可能有专用的地址结构,在调用 bind( ) 前应当将专用结构通过强制类型转换转成通用的 struct sockaddr。struct sockaddr 是用于存放地址结构的缓冲区。该结构的格式如下:

```
struct sockaddr {
        u_short      sa_family;//地址族(Address Family)
        char         sa_data[14];//地址信息
};
```

在 socket 通信中,通过 sockaddr_in 结构来指定 IP 地址和服务端口信息,该结构的格式如下:

```
struct sockaddr_in {
        short   sin_family;  //地址族(Address Family)
        u_short sin_port;    //16 位 TCP/IP 端口号
        struct  in_addr sin_addr;//32 位 IP 地址
        char    sin_zero[8];    //不使用
};
```

参数说明

● sin_family 字段必须设为 AF_INET,以告知 socket 此时正在使用 IP 地址族,地址族及其含义如表 2－2 所示。

● sin_port 字段定义应用进程所使用的(TCP 或 UDP)通信端口。

在使用 bind( ) 函数时,如果一个应用进程和主机上的另一个应用进程采用的端口号绑定在一起,系统就会返回错误。

表 2－2　地址族

地址族 (Address Family)	含　义
AF_INET	IPv4 网络协议中使用的地址族
AF_INET6	IPv6 网络协议中使用的地址族
AF_LOCAL	本地通信中采用的 Unix 协议的地址族

● sin_addr 字段用一个 4 字节的数表示 IP 地址,它是无符号长整数类型。根据这个字段的不同用法,还可表示一个本地或远程 IP 地址。IP 地址一般是用互联网标准点分表示法(像 a. b. c. d 一样)指定的,每个字母代表一个字节数,从左到右分配一个 4 字节的无符号长整数。为理解好该成员,应同时观察结构体 in_addr。因结构体 in_addr 声明为 uint32_t,故只需当作 32 位整数型即可。

● sin_zero 字段只充当填充项的功能,以便使 sockaddr_in 结构和 sockaddr 结构的长度一样。为了编程方便,socket 提供了一组地址转换函数。

2.7.1　inet_addr( ) 函数

此函数是将点分十进制字符串表示的 IP 地址转换为 32 位的网络字节序二进制值。

函数原型

```
unsiged long inet_addr(const char *cp);
```

参数说明

● cp：指向存放一个点分十进制表示的 IP 地址的字符串,当字符串的形式为"a. b. c. d"时,a、b、c、d 分别代表 IP 地址的 4 个字节。

返回值

函数调用成功后将返回一个无符号长整型数,它是以网络字节顺序表示的 32 位 IP 地址,如果传入的字符串是一个非法的 IP 地址,则返回值将是 INADDR_NONE。

2.7.2　inet_aton( )函数

此函数是将点分十进制字符串表示的 IP 地址转换为 32 位的网络字节序二进制值。

函数原型

```
int inet_aton(const char *cp, struct in_add  *inp);
```

参数说明

● cp：与 inet_addr 的参数 cp 相同。

● inp：指向 in_addr 结构体的指针,该结构体变量用来保存转换后的 IP 地址。

返回值

如果调用成功,则函数返回值为非零,如果输入地址不正确,则会返回零。

2.7.3　inet_ntoa( )函数

此函数将一个 in_addr 结构体类型的网络字节序二进制 IP 地址转换为点分十进制形式。

函数原型

```
char * inet_ntoa(struct in_addr in);
```

参数说明

● in：是一个保存 32 位二进制 IP 地址的 in_addr 结构体变量。

返回值

函数调用成功返回一个字符指针,该指针指向一个 char 型缓冲区,该缓冲区保存有由参数 in 的值转换而来的点分十进制表示的 IP 地址字符串。如果函数调用失败,则返回一个空指针 NULL。

inet_aton( )和 inet_ntoa( )只能处理 IPv4 的 ip 地址,不可重入函数,注意参数是 struct in_addr。

现在推荐使用的是 inet_pton ( )和 inet_ntop( ),这两个函数可重入函数,不仅可以转换 IPv4 的 in_addr,还可以转换 IPv6 的 in6_addr。

2.7.4　inet_pton( )函数

此函数将点分十进制转换成二进制地址。

函数原型

```
int inet_pton(int af, const char *src, void *dst);
```

参数说明

- af：地址族。
- src：指向待转换的点分十进制地址。
- dst：指向的空间用于存放转换后的二进制地址。
- inet_pton 是 inet_addr 的扩展，支持的多地址族，具体如下：

若 af＝AF_INET，则 src 为指向字符型的地址，即 ASCII 地址的首地址（ddd. ddd. ddd. ddd 格式的），函数将该地址转换为 in_addr 的结构体，并复制在＊dst 中。

若 af＝AF_INET6，则 src 为指向 IPv6 的地址，函数将该地址转换为 in6_addr 的结构体，并复制在＊dst 中。

返回值

若函数调用成功，则返回非 0 值；若失败，如参数 af 指定的地址族和 src 格式不对，函数将返回 0。

2.7.5　inet_ntop( ) 函数

此函数可将网络字节序二进制转换为点分十进制。

函数原型

```
const char * inet_ntop(int af, const void * src, char * dst,
socklen_t cnt);
```

参数说明

- 参数 af、src、dst 与 int inet_pton( ) 的参数意义一样。
- socklen_t cnt：指向缓存区 dst 的大小，避免溢出，如果缓存区太小无法存储地址的值，则返回一个空指针。

返回值

若函数调用成功则为指向结果的指针，若出错则为 NULL。

2.8　网络字节序

不同的计算机结构有时使用不同的字节顺序存储数据。在将应用程序从一种架构类型迁移至另一种架构类型的过程中，经常会遇到字节排列顺序问题，表 2－3 说明了字节顺序。

表 2－3　字节顺序

计算机结构	采用的字节顺序	别称	含义
Intel	Little-Endian（小端顺序）	主机字节顺序	最不重要字节（LSB）存放在最低端的地址
Macintosh（Motorola）	Big-Endian（大端顺序）	网络字节顺序	最重要的字节（MSB）存放在最低端的地址
网络通信	Big-Endian（大端顺序）		

无论采用的是大端顺序还是小端顺序，在网络通信中，对一台计算机所采用的字节顺序都统称为主机字节顺序。当不同字节顺序的计算机在通过网络交换数据时，如果不作任何

处理,将会出现严重问题。例如,一台使用 PowerPC 系列的 CPU、运行 Unix 的服务器发送一个 16 位数据 0x1234 到一台采用 Intel 酷睿 i5 系列 CPU 运行 Windows 7 的 PC 时,这个 16 位数据将被 Intel 的 CPU 解释为 0x3412,也就是将整数 4660 作为 13330。

为了解这一问题,在编写网络程序时,规定发送端要发送的多字节数据必须先转换成与具体 CPU 无关的网络字节顺序再发送,接收端接收到数据后再将数据转换为主机字节数据。网络字节顺序采用的是大端存储方式。

在网络通信中,TCP/IP 协议规定了专门的"网络字节次序",即无论计算机系统支持何种顺序,在传输数据时,总是数值最高位的字节最先发送。从定义可以看出,网络字节次序其实是对应大端顺序的。

为了避免因为字节顺序造成的通信问题,及便于软件开发者编写易于操作系统移植的程序,在指定套接字的网络地址以及端口号时必须使用网络字节顺序,而由套接字函数返回的网络字节顺序的 IP 地址和端口号在本机处理时,则需要转换为主机字节顺序。在套接字编程接口中有专门的函数来完成网络字节顺序和主机字节顺序的转换。

TCP/IP 协议特别定义了一些 C 语言预处理的宏来实现网络字节与主机字节次序之间的相互转换。htons( )和 htonl( )用来将主机字节次序转成网络字节次序,前者应用于 16 位无符号数,后者应用于 32 位无符号数。ntohs( )和 ntohl( )可实现反方向的转换。本节主要介绍以下几个函数。

2.8.1　htons( )函数

该函数将一个 16 位的无符号短整型数据由主机字节顺序转换为网络字节顺序。
函数原型

```
u_short htons(u_short hostshort);
```

参数说明

● hostshort:一个待转换的主机字节顺序的无符号短整型数据。

返回值

如果函数调用成功,则返回一个网络字节顺序的无符号短整型数;如果函数调用失败,则返回 SOCK_ERROR,进一步的出错信息可调用 WSAGetLastError( )获取。

2.8.2　ntohs( )函数

该函数将一个 16 位的无符号短整型数据由网络字节顺序转换为主机字节数顺序返回。
函数原型

```
u_short ntohs(u_short netshort);
```

参数说明

● netshort:一个待转换的网络字节顺序的无符号短整型数据。

返回值

如果函数调用成功,则返回一个主机字节顺序的无符号短整型数;如果函数调用失败,则返回 SOCKET_ERROR,进一步的出错信息可调用 WSAGetLastError( )获取。

2.8.3　htonl( )函数

该函数将一个 32 位的无符号长整型数据由主机字节顺序转换为网络字节顺序返回。

函数原型

```
u_long htonl(u_long hostlong);
```

参数说明

● hostlong：一个待转换的主机字节顺序的无符号长整型数据。

返回值

如果函数调用成功,则返回一个网络字节顺序的无符号长整型数。如果函数调用失败,则返回 SOCKET_ERROR,进一步的出错信息可调用 WSAGetLastError( )获取。

2.8.4　ntohl( )函数

该函数将一个 32 位的无符号长整型数据由网络字节顺序转换为主机字节数顺序返回。

函数原型

```
u_long ntohl(u_long netlong);
```

参数说明

netlong：一个待转换的网络字节数顺序的无符号长整型数据。

返回值

如果函数调用成功,则返回一个主机字节顺序的无符号长整型数。如果函数调用失败,则返回 SOCKET_ERROR,进一步的出错信息可调用 GetLastError( )获取(Windows 系统调用 WSAGetLastError( )获取)。

2.9　域名解析

2.9.1　gethostbyname( )函数

socket 应用打算通过 TCP/IP 协议和某个主机通信时,必须知道这个主机的 IP 地址。但是在用户看来,IP 地址是不容易记的。在指定机器时,许多人更愿意利用一个易记的、友好的主机名而不是 IP 地址。gethostbyname( )函数可以把一个主机名解析成 IP 地址。

函数原型

```
struct hostent * gethostbyname (
    const char * name
);
```

参数说明

● name：表示准备查找的主机的友好名。如果这个函数调用成功,系统就会返回一个指向 hostent 结构的指针。注意,保存 hostent 结构的内存由系统自动维护,因此,应用程序不必手动释放它。

```
struct hostent {
    char *       h_name;
    char * * h_aliases;
    short           h_addrtype;
    short           h_length;
    char * * h_addr_list;
};
```

hostent 结构的格式如下：

● h_name：正式的主机名。如果网络采用了"域名系统"（DNS），它就是从域名服务器返回的"全域名"（FQDN）。如果网络使用一个本地"多主机"文件，主机名就是 IP 地址之后的第一个条目。

● h_aliases：表示一个由主机别名组成的以 NULL 结尾的数组。

● h_addrtype：表示即将返回的地址家族。

● h_length：对 h_addr_list 字段中的每一个地址的字节长度进行定义。

● h_addr_list：表示一个由主机 IP 地址组成的以 NULL 结尾的数组（可以为一个主机分配若干个 IP 地址）。这个数组中的每个地址都是按网络字节顺序返回的。一般情况下，应用程序都采用该数组中的第一个地址。但是，如果返回的地址不止一个，应用程序就会相应地选择一个最恰当的，而不是一直都用第一个地址。

返回值

如果没有错误发生，gethostbyname（）返回如上所述的一个指向 hostent 结构的指针，否则，返回一个空指针。

2.9.2　gethostbyaddr（）函数

另外一个用于获得主机信息的函数是 gethostbyaddr（），可以用它获得与 IP 地址相对应的主机信息。

函数原型

```
struct hostent * gethostbyaddr (
    const char * addr,
    int len,
    int type
);
```

参数说明

● addr：表示指向一个 IP 地址的指针，这个地址按网络字节顺序排列。

● len：用于指定 addr 参数的字节长度。

● type：指定地址类型，一般是 AF_INET，表明是 IP 地址。

返回值

如果没有错误发生，gethostbyaddr（）返回如上所述的一个指向 hostent 结构的指针，否则，返回一个空指针。

2.9.3　getservbyname( )函数

应用程序打算与运行于本地或远程计算机上的服务进行通信时,除了要知道远程计算机的 IP 地址外,还必须知道服务的端口号。在使用 TCP 和 UDP 时,应用必须决定通过哪些端口进行通信。有些"已知的端口号"是为支持比 TCP 高级的协议服务保留的,比如,端口21 是为 FTP 预留的,端口 80 是为 HTTP 预留的。正如前面提到的那样,已知的服务一般都使用 1~1023 的端口号。如果正在开发一个不使用任何一种已知服务的 TCP 应用,就要考虑采用大于 1023 的端口号,以免重复。

通过调用 getservbyname( )函数,可获得已知服务的端口号。这个函数从名为 services 的文件中获得静态信息。

函数原型

```
struct servent * getservbyname (
    const char * name,
    const char * proto
);
```

参数说明

● name:代表准备查找的服务名。比如,如果你正在定位 FTP 端口,就应该把 name 参数设成指向字串"ftp"。

● proto:可选参数,代表协议名,如果为 NULL,那么 getservbyname( )函数返回查找到的第一个值,如果非空,那么 getservbyname( )会把 name 和 proto 同时作为搜索条件。

返回的 servent 结构定义如下:

```
struct servent {
    char *        s_name;
    char * *  s_aliases;
    short         s_port;
    char *        s_proto;
};
```

● s_name:服务的官方名称;
● s_aliases:一个以 NULL 结尾的数组,存储该服务所有的别名;
● s_port:服务使用的端口(网络字节顺序);
● s_proto:服务所属的协议名。

返回值

如果没有错误发生,getservbyname( )返回如上所述的一个指向 servent 结构的指针,否则,返回一个空指针。

第3章 TCP流式套接字编程

TCP协议为网络应用程序提供了可靠的数据传输服务,适合于大多数应用场景,也是初学者使用套接字编程的主要方法。本章从TCP协议的原理出发,阐明TCP流式套接字编程的适用场合,介绍TCP套接字编程的基本模型及函数使用的细节等。

3.1 TCP的传输特点和首部

3.1.1 TCP协议的传输特点

TCP协议是一个面向连接的传输层协议,提供可靠性字节流传输服务,主要用于一次传输要交换大量报文的情形。

为了维护传输的可靠性,TCP增加了许多开销,如:确认、流量控制、计时器以及连接管理等。

TCP协议的传输特点如下:

● 端到端通信:TCP为应用程序提供面向连接的接口。TCP连接是端到端的,客户端应用程序在一端,服务器在另一端。

● 建立可靠连接:TCP要求客户端应用程序在服务器交换数据前,先要建立可靠的连接,然后测试网络的连通性。如果有故障发生,阻碍分组到达远端系统,或者服务器不接受连接,那么企图连接就会失败,客户端就会得到通知。

● 可靠交付:一旦建立连接,TCP将保证数据按发送时的顺序交付,没有丢失,也没有重复,如果因为故障而不能可靠交付,发送方会得到通知。

● 具有流量控制的传输:TCP可控制数据传输的速率,防止发送方传送数据的速率快于接收方的接收速率,因此TCP可以用于从快速计算机向慢速计算机传送数据。

● 双工传输:在任何时候,单个TCP连接都允许同时双向传送数据,而且不会相互影响,因此客户端可以向服务器发送请求,而服务器可以通过同一个连接发送应答。

● 流模式:TCP从发送方向接收方发送没有报文边界的字节流。

3.1.2 TCP的首部

TCP数据被封装在一个IP数据报中,如图3-1所示。

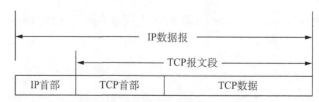

图3-1 TCP数据在IP数据报中的封装

表 3 - 1 显示了 TCP 首部的数据格式,如果不计选项字段,它通常是 20 个字节。

表 3 - 1　TCP 报文格式

16bit源端口号		16bit目的源端口号	
32bit序号			
32bit确认序号			
4bit首部长度	保留（16bit）	U R G　A C K　P S H　R S T　S Y N　F I N	16bit窗口大小
16bit校验和		16bit紧急指针	
选项			
数据			

TCP 首部各字段的含义如下:

(1) 源、目的端口:每个 TCP 报文段都包含源端口号和目的端口号,用于寻找发送端和接收端的应用进程。

(2) 序号和确认序号:序号用来标识从 TCP 发送端向 TCP 接收端发送的数据字节流,它表示在这个报文段中的第一个数据字节。如果将字节流看作在两个应用程序间的单向流动,则 TCP 用序号对每个字节进行计数。序号是 32 位的无符号数。确认序号是发送确认的一端所期望收到的下一个序号。因此,确认序号应当是上次已成功收到数据字节序号加 1。只有 ACK 标志为 1 时确认序号字段才有效。

(3) 首部长度:首部长度给出首部中 32 位字的数目。需要这个值是因为选项字段的长度是可变的。这个字段占 4 位,因此 TCP 最多有 60 字节的首部。如果没有选项字段,正常的长度是 20 字节。

(4) 标志位:在 TCP 首部中有 6 个标志位。它们中的多个可同时被设置为 1,其含义分别为:

- URG:紧急指针有效;
- ACK:确认序号有效;
- PSH:接收方应该尽快将这个报文段交给应用层;
- RST:重置连接;
- SYN:同步序号用来发起一个连接;
- FIN:发送端完成发送任务。

(5) 窗口大小:TCP 的流量控制由连接的每一端通过声明的窗口大小来提供。窗口大小为字节数,起始于确认序号字段指明的值,这个值是接收端期望接收的字节编号。窗口大小是一个 16 位字段,因而窗口大小最大为 65535 字节。

(6) 校验和:校验和覆盖了整个 TCP 报文段,包含 TCP 首部、TCP 伪首部和 TCP 数据。这是一个强制性的字段,一定是由发送端计算和存储,并由接收端进行验证。

(7) 紧急指针:只有当 URG 标志位置 1 时紧急指针才有效。紧急指针是一个正的偏移量,与序号字段中的值相加表示紧急数据最后一个字节的序号。这是发送端向另一端发送紧急数据的一种方式。

（8）选项:TCP 首部的选项部分是 TCP 为了适应复杂的网络环境和更好的服务应用层而设计的,选项部分最长可以达到 40 字节。最常见的选项字段是最大报文段(Maximum Segment Size, MSS)。每个连接方通常都在通信的第一个报文段(为建立连接而设置 SYN 标志位的那个段)中指明这个选项,即指明本端所能接收的最大长度的报文段。

（9）数据:TCP 报文段中的数据部分是可选的。比如在连接建立和连接终止时,双方交换的报文段仅有 TCP 首部。一方即使没有数据要发送,也使用没有任何数据的首部来确认收到的数据。在处理超时的许多情况中,也会发送不带任何数据的报文段。

3.2　TCP 连接的建立与终止

建立一条 TCP 连接,需要以下三个基本步骤:

① 请求端(通常称为客户端)发送一个 SYN 报文段指明客户端打算连接的服务器端口号,以及初始序号(Initial Sequence Number, ISN),SYN 请求发送后,客户端进入 SYN_SENT 状态。

② 服务器启动后首先进入 LISTEN 状态,当它收到客户端发来的 SYN 请求后,进入 SYN _RCV 状态,发回包含服务器初始序号的 SYN 报文段作为应答,同时将确认序号设置为客户端的初始序号加 1,对客户端的 SYN 报文段进行确认。一个 SYN 将占用一个序号。

③ 客户端接收到服务器的确认报文后进入 ESTABLISHED 状态,表明本方连接已成功建立,客户端将确认序号设置为服务器的 ISN 加 1,对服务器的 SYN 报文段进行确认,当服务器接收到该确认报文后,也进入 ESTABLISHED 状态。

这三个报文段完成建立连接的过程称为"三次握手",如图 3-2 所示。

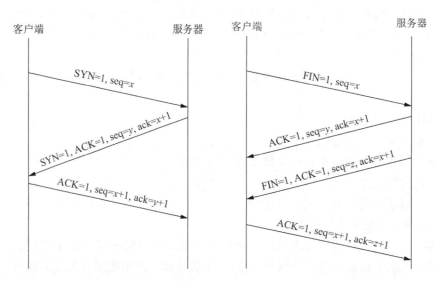

图 3-2　TCP 三次握手建立连接　　　图 3-3　TCP 四次交互关闭连接

一般由客户端决定何时终止连接,因为客户端进程通常由用户交互控制,比如 Telnet 的用户会键入 quit 命令来终止进程。既然一个 TCP 连接是全双工的(即数据在两个方向上能同时传递),那么每个方向必须单独关闭。终止一个连接要经过四次交互,当一方完成它的数据发送任务后,发送一个 FIN 报文段来终止这个方向的连接。当一端收到 FIN 报文,它必须确认应用层另一端已经终止了这个方向的数据传送。发送 FIN 通常是应用层进行关闭的结果。图 3-3 显示了终止一个连接的典型握手顺序。首先进行关闭的一方(即发送第一个 FIN 的一方)将执行主动关闭,而另一方(收到这个 FIN 的一方)执行被动关闭,具体步骤如下:

① 客户端的应用进程主动发起关闭连接请求,它将导致 TCP 客户端发送一个 FIN 报文段,用来关闭从客户端到服务器的数据传送。

② 当服务器收到这个 FIN,它发回一个 ACK,确认序号为收到的序号加 1。与 SYN 一样,一个 FIN 将占用一个序号。客户端收到该确认后,表明本方连接已关闭,但仍可以接收服务器发来的数据。

③ 服务器程序关闭本方连接,其 TCP 端发送一个 FIN 报文段。

④ 客户端在收到服务器发来的 FIN 请求后,发回一个确认,并将确认序号设置为收到的序号加 1。发送 FIN 将导致应用程序关闭它们的连接,服务器接收到该确认后,连接关闭。这些 FIN 的 ACK 是由 TCP 软件自动产生的。

在实际应用中,服务器也可以作为主动发起关闭连接的一方,即交换图 3-3 中的服务器和客户端位置,其通信过程不变。

我们注意到在如图 3-3 所示的连接关闭过程中,当四次交互完成后,客户端并没有直接关闭连接,而会保留两个最大段生存时间(2MSL),之后,客户端再关闭连接并释放它的资源。

3.3　TCP 通信的几个典型问题

3.3.1　滑动窗口(TCP 流量控制)

网络通信过程中,如果发送端发送的速度较快,接收端接收到数据后处理的速度较慢,而接收缓冲区的大小是固定的,就会丢失数据。TCP 协议通过滑动窗口(Sliding Window)机制解决这一问题。如图 3-4 所示为滑动窗口的通信过程。

① 发送端发起连接,声明最大段尺寸是 1460,初始序号是 0,窗口大小是 4KB,表示"我的接收缓冲区还有 4KB 空闲,你发的数据不要超过 4KB"。接收端应答连接请求,声明最大段尺寸是 1024,初始序号是 8000,窗口大小是 6KB。发送端应答,三次握手结束。

② 发送端发出段(4~9)中每个段带 1KB 的数据,发送端根据窗口大小得知接收端的缓冲区满了,因此停止发送数据。

③ 接收端的应用程序提走 2KB 数据,接收缓冲区又有了 2KB 空闲,接收端发出段(10)在应答已收到 6KB 数据的同时声明窗口大小为 2KB。

④ 接收端的应用程序又提走 2KB 数据,接收缓冲区有 4KB 空闲,接收端发出段(11)重新声明窗口大小为 4KB。

⑤ 发送端发出段(12~13)中每个段带 2KB 数据,段 13 同时还包含 FIN 位。

⑥ 接收端应答接收到的 2KB 数据(6145~8192),再加上 FIN 位占一个序号(8193),因此应答序号是 8194,连接处于半关闭状态,接收端同时声明窗口大小为 2KB。

⑦ 接收端的应用程序提走 2KB 数据,接收端重新声明窗口大小为 4KB。

⑧ 接收端的应用程序提走剩下的 2KB 数据,接收缓冲区全空,接收端重新声明窗口大小为 6KB。

⑨ 接收端的应用程序在提走全部数据后,决定关闭连接,发出段(17)包含 FIN 位,发送端应答,连接完全关闭。

如图 3-4 所示,在接收端用小方块表示 1KB 数据,实心的小方块表示已接收到的数据,虚线框表示接收缓冲区,套在虚线框中的空心小方块表示窗口大小。从图中可以看出,随着应用程序提走数据,虚线框是向右滑动的,因此称为滑动窗口。

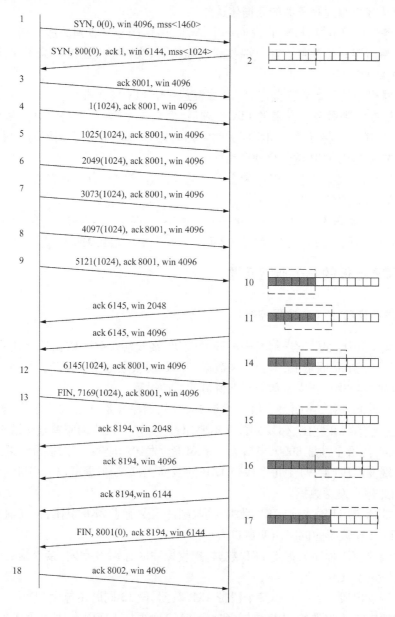

图 3-4 滑动窗口

从这个例子还可以看出,发送端是 1KB、1KB 地发送数据,而接收端的应用程序可以 2KB、2KB 地提走数据,当然也有可能一次提走 3KB 或 6KB 数据,或者一次只提走几个字节的数据。也就是说,应用程序所看到的数据是一个整体,或者说是一个流(stream),在底层通信中这些数据可能被拆成很多数据包来发送,但是一个数据包有多少字节对应用程序是不可见的,因此 TCP 协议是面向流的协议。而 UDP 是面向消息的协议,每个 UDP 段都是一条消息,应用程序必须以消息为单位提取数据,不能一次提取任意字节的数据,这一点和 TCP 是很不同的。

3.3.2　TCP 状态转换

如图 3-5 所示为 TCP 的状态转换图,它对排除和定位网络或系统故障大有帮助,因此需熟练掌握。下面对这幅图中的 11 种状态进行详细解析。

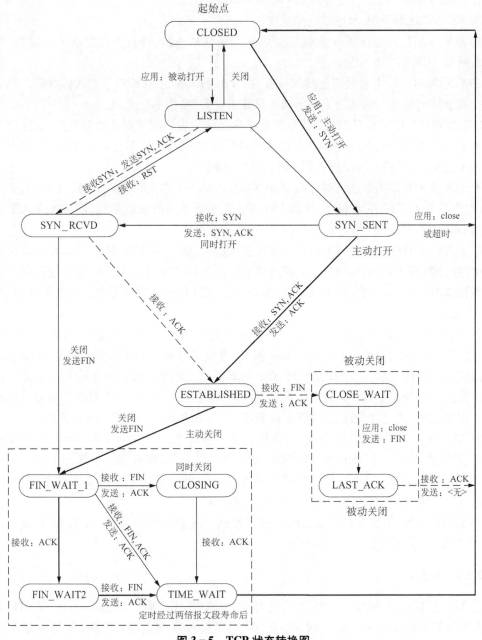

图 3-5　TCP 状态转换图

① CLOSED:表示初始状态。

② LISTEN:该状态表示服务器端的某个 socket 处于监听状态,可以接收连接。

③ SYN_SENT:这个状态与 SYN_RCVD 遥相呼应,当客户端 socket 执行 CONNECT 连接时,它首先发送 SYN 报文,随即进入到了 SYN_SENT 状态,并等待服务端发送三次握手中的第 2 个报文。SYN_SENT 状态表示客户端已发送 SYN 报文。

④ SYN_RCVD:该状态表示接收到 SYN 报文,在正常情况下,这个状态是服务器端的 socket 在建立 TCP 连接时三次握手会话过程中的一个中间状态,很短暂。在此种状态下,当收到客户端的 ACK 报文后,会进入到 ESTABLISHED 状态。

⑤ ESTABLISHED:表示连接已经建立。

⑥ FIN_WAIT_1:是在服务器端主动要求关闭 TCP 连接,并且主动发送 FIN 以后,等待客户端回复 ACK 报文时候的状态。

⑦ FIN_WAIT_2:主动关闭连接的一方,在发出 FIN 收到 ACK 以后进入该状态。称之为半连接或半关闭状态。该状态下的 socket 只能接收数据,但不能发送。

FIN_WAIT_1 和 FIN_WAIT_2 状态的真正含义都是表示等待对方的 FIN 报文,区别是:

● FIN_WAIT_1 状态是当 socket 在 ESTABLISHED 状态时,想主动关闭连接,向对方发送了 FIN 报文,此时该 socket 进入到 FIN_WAIT_1 状态。

● FIN_WAIT_2 状态是当对方回应 ACK 后,该 socket 进入到 FIN_WAIT_2 状态,正常情况下,对方应马上回应 ACK 报文,所以 FIN_WAIT_1 状态一般较难见到,而 FIN_WAIT_2 状态可用 netstat 看到。

⑧ TIME_WAIT:表示收到了对方的 FIN 报文,并发送出了 ACK 报文,等 2MSL(2 倍报文最大生存时间)后即可回到 CLOSED 可用状态。如果在 FIN_WAIT_1 状态下收到对方同时带 FIN 标志和 ACK 标志的报文,则可以直接进入到 TIME_WAIT 状态,而无须经过 FIN_WAIT_2 状态。

⑨ CLOSING:这种状态较特殊,属于一种较罕见的状态。正常情况下,当发送 FIN 报文后,应该先收到(或同时收到)对方的 ACK 报文,再收到对方的 FIN 报文。但是 CLOSING 状态表示发送 FIN 报文后,并没有收到对方的 ACK 报文,反而收到了对方的 FIN 报文。什么情况下会出现此种现象呢?如果双方几乎在同时关闭一个 socket,那么就会出现双方同时发送 FIN 报文的情况,也就会出现 CLOSING 状态,表示双方都正在关闭 socket 连接。

⑩ CLOSE_WAIT:此种状态表示在等待关闭。当对方关闭一个 socket 后发送 FIN 报文给自己,系统会回应一个 ACK 报文给对方,此时就进入到 CLOSE_WAIT 状态。接下来查看是否还有数据发送给对方,如果没有可以关闭这个 socket,发送 FIN 报文给对方,即关闭连接。所以在 CLOSE_WAIT 状态下,需要关闭连接。

⑪ LAST_ACK:该状态是被动关闭一方在发送 FIN 报文后,等待对方的 ACK 报文。当收到 ACK 报文后,即可以进入到 CLOSED 可用状态。

3.3.3　半关闭

当 TCP 连接中 A 端发送 FIN 请求关闭,B 端回应 ACK 后(A 端进入 FIN_WAIT_2 状态),B 端没有立即发送 FIN 给 A 端,此时 A 端可以接收 B 端发送的数据,但是 A 端已不能再向 B 端发送数据。A 端的这种状态被称为半关闭状态。

从程序的角度,可以使用 API 来控制实现半关闭状态。

函数原型

```
#include<sys/socket.h>
int shutdown(int sockfd,int how);
```

参数说明

- sockfd:需要关闭的 socket 的描述符。
- how:shutdown 操作可选择的方式,主要有以下几种方式:

UT_RD(0):关闭 sockfd 上的读功能,此选项将不允许 sockfd 进行读操作。该套接字不再接收数据,任何当前在套接字接收的缓冲区的数据将被无声地丢弃掉。

SHUT_WR(1):关闭 sockfd 的写功能,此选项将不允许 sockfd 进行写操作。进程不能再对此套接字发出写操作。

SHUT_RDWR(2):关闭 sockfd 的读写功能。相当于调用 shutdown 两次:首先是 SHUT_RD,然后是 SHUT_WR。

注意:

① 如果有多个进程共享一个套接字,close 每被调用一次,计数减 1,直到计数为 0 时,也就是所用进程都调用了 close,套接字将被释放。

② shutdown 可不考虑套接字的引用计数,直接关闭套接字,也可选择中止一个方向的连接,又可只中止读或只中止写。

③ 在多进程中,如果一个进程调用了 shutdown(sockfd, SHUT_RDWR),其他的进程将无法进行通信。但如果一个进程 close(sockfd),则不会影响到其他进程。

3.4　TCP 套接字编程模型

TCP 套接字依托传输控制协议(在 TCP/IP 协议族中对应 TCP 协议)提供面向连接的、可靠的数据传输服务,该服务将保证数据能够实现无差错、无重复发送,并按顺序接收。TCP 基于流的特点,没有记录边界的有序数据流。

3.4.1　TCP 套接字编程的适用场合

TCP 套接字是可靠的、基于数据流的传输服务,这种服务的特点是面向连接、可靠。面向连接的特点决定了 TCP 套接字的传输代价大,且只适用于一对一的数据传输;而可靠的特点意味着上层应用程序在设计开发时不需要过多地考虑数据传输过程中的丢失、乱序、重复问题。总结来看,TCP 套接字适合在以下场合使用:

① 大数据量的数据传输应用。TCP 套接字适合传输这类大数据量的应用,传输的内容可以是任意大数据,其类型可以是 ASCII 文本,也可以是二进制文件。在这种应用场合下,数据传输量大,对数据传输的可靠性要求比较高,且与数据传输的代价相比,连接维护的代价微乎其微。

② 可靠性要求高的传输应用。TCP 套接字适合应用在可靠性要求高的传输应用中。在这种情况下,可靠性是传输过程中首先要满足的要求,如果应用程序选择使用 UDP 协议或其他不可靠的传输服务承载数据,那么为了避免数据丢失、乱序、重复等问题,程序员必须

要考虑以上诸多问题带来的应用程序的错误,要编写复杂的编码来确保传输的可靠性。

3.4.2 TCP 套接字的通信过程

TCP 套接字的网络通信过程是在连接成功建立的基础上完成的。

(1) 基于 TCP 套接字的服务器进程的通信过程

在通信过程中,服务器进程作为服务提供方,被动接收连接请求,决定接受或拒绝该请求,并在已建立好的连接上完成数据通信。其基本通信过程如下:

① 在 Windows 操作系统下,初始化 Windows Sockets DLL,协商版本号(Linux 操作系统下不需要此步骤);

② 创建套接字,指定使用 TCP(可靠的传输服务)进行通信;

③ 指定本地地址和通信端口;

④ 等待客户端的连接请求;

⑤ 进行数据传输;

⑥ 关闭套接字;

⑦ 在 Windows 操作系统下,结束对 Windows Sockets DLL 的使用,释放资源(Linux 操作系统下不需要此步骤)。

(2) 基于 TCP 套接字的客户端进程的通信过程

在通信过程中,客户端进程作为服务请求方,主动请求建立连接,等待服务器的连接确认,并在已建立的连接上完成数据通信。其基本通信过程如下:

① 在 Windows 操作系统下,使用 Windows Sockets DLL 初始化,协商版本号(Linux 操作系统下不需要此步骤);

② 创建套接字,指定使用 TCP(可靠的传输服务)进行通信;

③ 指定服务器地址和通信端口;

④ 向服务器发送连接请求;

⑤ 进行数据传输;

⑥ 关闭套接字;

⑦ 在 Windows 操作系统下,结束对 Windows Sockets DLL 的使用,释放资源(Linux 操作系统下不需要此步骤)。

3.4.3 TCP 套接字的交互模型

基于以上对 TCP 套接字通信过程的分析,我们给出通信双方在实际通信中的交互时序以及对应函数。

在通常情况下,首先服务器处于监听状态,它随时等待客户端连接请求的到来,而客户端的连接请求则由客户端根据需要随时发出;连接建立后,双方在连接通道上进行数据交互;在会话结束后,双方关闭连接。由于服务器的服务对象通常不限于单个,因此在服务器的函数设置上考虑了多个客户端同时连接服务器的情形,TCP 套接字的编程模型如图 3 - 6 所示。

服务器进程要先于客户端进程启动,工作过程如下:

① 在 Windows 操作系统下,调用 WSAStartup( )函数加载 Windows Sockets DLL(Linux 操

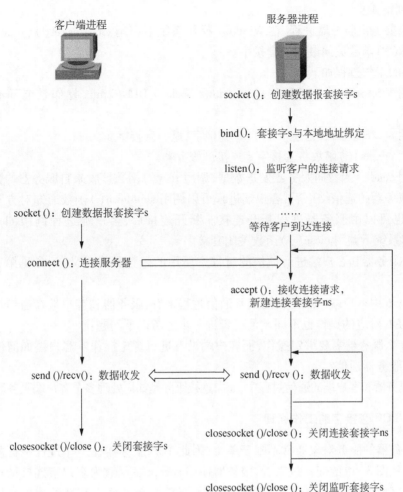

图 3－6　基于 TCP 套接字的客户端与服务器的套接字交互通信过程

作系统下不需要此步骤）。

　　② 调用 socket( )函数创建一个 TCP 套接字,返回套接字 s。

　　③ 调用 bind( )函数将套接字 s 绑定到一个本地的端口地址上。

　　④ 调用 listen( )函数将套接字 s 设置为监听模式,准备好接收来自各个客户端的连接请求。

　　⑤ 调用 accept( )函数等待接收客户端的连接请求。

　　⑥ 如果接收到客户端的连接请求,则 accept( )函数返回,得到新的套接字 ns。

　　⑦ 调用 recv( )函数在套接字 ns 上接收来自客户端的数据。

　　⑧ 处理客户端的服务请求。

　　⑨ 调用 send( )函数在套接字 ns 上向客户端发送数据。

　　⑩ 与客户端的通信结束后,服务器进程可以调用 shutdown( )函数通知对方不再发生或接收数据,也可以由客户端进程断开连接。断开连接后,服务器进程调用 closesocket( )［Linux 操作系统下调用 close( )］函数关闭套接字 ns。此后服务器进程继续等待客户端进程

的连接,回到第④步。

⑪ 如果要退出服务器进程,在 Windows 操作系统下调用 closesocket( )(Linux 操作系统下调用 close( ))函数关闭最初的套接字。

客户端的工作过程如下:

① 调用 WSAStartup( )函数加载 Windows Sockets DLL(Linux 操作系统下不需要此步骤)。

② 调用 socket( )函数创建一个 TCP 套接字,返回套接字 s。

③ 调用 connect( )函数将套接字 s 连接到服务器。

④ 调用 send( )函数向服务器发送数据,调用 recv( )函数接收来自服务器的数据。

⑤ 与服务器的通信结束后,客户端进程可以调用 shutdown( )函数通知对方不再发送或接收数据,也可以由服务器进程断开连接。断开连接后,客户端进程调用 closesocket( )(Linux 操作系统下调用 close( ))函数关闭套接字 s。

在上述服务器和客户端进行通信的过程中所用的函数具体定义,请参见第 2.3 节和 2.4 节。

由图 3-6 中客户端与服务器的交互通信过程来看,服务器和客户端在通信过程中的角色是有差别的,对应的操作也不同。请读者进一步思考以下问题:

① 为什么服务器需要绑定操作,而客户端没有进行绑定操作?客户端如何使用唯一的端口地址与服务器通信?

② 在服务器和客户端的通信过程中,面向连接服务是如何处理多个客户端服务请求的呢?

3.4.4　TCP 套接字的工作原理

由于服务器的服务对象通常不限于单个,因此 TCP 服务器在工作过程中将监听与传输划分开来。从图 3-6 的交互过来看,服务器使用 accept( )函数为客户端连接请求分配了一个新的套接字 ns,我们称之为连接套接字。实际的连接就是建立在新的连接套接字和客户端的套接字之间的,作为服务器与该客户端之间的专一通道。而原本处于监听的套接字仍处于监听状态,等待其他客户端的连接请求。

假设有两个客户端都在请求服务器的服务,则客户端与服务器之间建立连接的情形如图 3-7 所示。

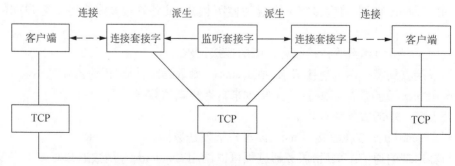

图 3-7　有两个客户端同时与服务器连接的情形

结合 TCP 套接字服务器的工作原理,我们进一步思考在服务器和客户端的通信过程中,服务器是如何处理多个客户端服务请求的呢?

　　从服务器的并发方式上看,根据实际应用的需求,服务器可以设计为一次只服务于单个客户端的循环服务器,也可以设计为同时为多个客户端服务的并发服务器。

　　① 如果是循环服务器,则服务器在与一个客户端建立连接后,其他客户端只能等待;当服务完这个客户端之后,服务器才会处理下一个客户端的服务请求。在循环服务器的通信流程中,第3.4.3节介绍的服务器工作过程的步骤⑤~⑩是循环进行的。

　　② 如果是并发服务器,则当服务器与一个客户端进行通信的过程中,可以同时接收其他客户端的服务请求,并且服务器要为每一个客户端创建一个单独的子进程或线程,用新创建的连接套接字与每个客户端进行独立连接上的数据交互。在并发服务器的通信流程中,第3.4.3节介绍的服务器工作过程的第⑤步返回了多个连接套接字,这些连接套接字在服务器工作过程的步骤⑥~⑩与多个客户端通信时是并发执行的。

　　基本 TCP 套接字编程实例请见第三部分实验举例编程中的实验一。

第 4 章　UDP 数据报套接字编程

UDP 协议为网络应用程序提供不可靠的数据传输服务,该服务简单、灵活,在现实生活中得到了广泛的应用。本章从 UDP 协议的原理出发,阐明 UDP 套接字编程适用的场合,介绍 UDP 套接字编程的基本模型及 UDP 套接字编程的具体过程。

4.1　UDP 协议的传输特点

与我们熟知的 TCP 相比,UDP 有哪些优点和不足呢? 由于无须创建连接,所以 UDP 开销较小,数据传输速度快,实时性较强,多用于对实时性要求较高的通信场合,如视频会议、电话会议等。但也伴随着数据传输不可靠,传输数据的正确率、传输顺序和流量都得不到控制和保证等不足。所以,通常情况下,使用 UDP 协议进行数据传输时,为保证数据的正确性,我们需要在应用层添加辅助校验协议来弥补 UDP 的不足,以达到数据可靠传输的目的。

由上所述可知,UDP 协议的传输特点表现在以下方面:

① 多对多通信。UDP 在通信实体的数据量上具有更大的灵活性,多个发送方可以向一个接收方发送报文,一个发送方也可以向多个接收方发送数据,更重要的是,UDP 能让应用底层网络的广播或组播设施交付报文。

② 不可靠服务。UDP 提供的服务是不可靠交付的,即报文可以丢失、重复或失序,它没有重传设施,如果发生故障,也不会通知发送方。

③ 缺乏流量控制。UDP 不提供流量控制,当数据包到达的速度比接收系统或应用的处理速度快时,只是将其丢弃而不会发出警告或提示。

④ 报文模式。UDP 提供了面向报文的传输方式,在需要传输数据时,发送方准确指明要发送的数据的字节流,UDP 将这些数据放置在一个外发报文中,在接收方,UDP 一次交付一个传入报文。因此当有数据交付时,接收到的数据拥有和发送方应用程序所指定的一样的报文边界。

4.2　UDP 套接字的适用场合

UDP 套接字基于不可靠的报文传输服务,这种服务的特点是无连接、不可靠。无连接的特点决定了 UDP 套接字的传输非常灵活,具有资源消耗小、处理速度快的优点。而不可靠的特点意味着在网络质量不佳的环境下,发生数据包丢失的现象会比较严重,因此上层应用程序在设计开发时需要考虑网络应用程序运行的环境以及数据在传输过程中的丢失、乱序、重复对应用程序带来的负面影响。总体来看,UDP 套接字适合于在以下场合使用:

（1）音频、视频的实时传输应用

UDP 套接字适合用于音频、视频这类对实时性要求比较高的数据传输应用。传输内容通常被切分为独立的数据报,其类型多为编码后的媒体信息。在这种应用场景下,通常要求实时音频、视频传输,与 TCP 协议相比,UDP 协议减少了确认、同步等操作,节省了很大的网络开销。UDP 协议能够提供高效的传输服务,实现数据的实时性传输,因此在网络音、视频的传输中,应用 UDP 协议的实时性并增加控制功能是较为合理的解决方案,如 RTP 和 RTCP 在音、视频传输中是两个广泛使用的协议组合,通常 RTP 基于 UDP 协议传输音、视频数据, RTCP 基于 TCP 传输提供服务质量的监视与反馈、媒体间同步等功能。

（2）广播或组播的传输应用

TCP 套接字只能用于一对一的数据传输,如果应用程序需要广播或组播传送数据,那么必须使用 UDP 协议,这类应用包括多媒体系统的组播或广播业务、局域网聊天室或者以广播形式实现的局域网扫描器等。

（3）简单高效需求大于可靠需求的传输应用

尽管 UDP 协议不可靠,但其高效的传输特点使其在一些特殊的传输应用中受到欢迎, 比如日志服务器通常设计为基于 UDP 协议来接收日志。这些应用不希望在每次传递短小数据时消耗昂贵的 TCP 连接的建立与维护的代价,而且即使偶尔丢失一两个数据包,也不会对接收结果产生太大影响,在这种场景下,UDP 协议简单、高效的特性非常适合。

4.3　UDP 套接字的通信过程

使用 UDP 套接字传送数据类似于生活中的信件发送,与 TCP 套接字的通信过程有所不同,UDP 套接字不需要建立连接,而是直接根据目的地址构造数据包进行传送。

（1）基于 UDP 套接字的服务器进程的通信过程

在通信过程中,服务器进程作为服务提供方,被动接收客户端的请求,使用 UDP 协议与客户端交互,其基本通信过程如下:

① 在 Windows 操作系统下,需要进行 Windows Sockets DLL 初始化,协商版本号（Linux 操作系统不需要此步骤）;

② 创建套接字,指定使用 UDP 进行通信;

③ 指定本地地址和通信端口;

④ 等待客户端的数据请求;

⑤ 进行数据传输;

⑥ 关闭套接字;

⑦ 在 Windows 操作系统下,结束对 Windows Sockets DLL 的使用,释放资源（Linux 操作系统不需要此步骤）。

（2）基于 UDP 套接字的客户端进程的通信过程

在通信过程中,客户端进程作为服务请求方,主动向服务器发送服务器请求,使用 UDP 协议与服务器交互,其基本通信过程如下:

① 在 Windows 操作系统下,需要进行 Windows Sockets DLL 初始化,协商版本号（Linux 操作系统不需要此步骤）;

② 创建套接字,指定使用 UDP 进行通信;

③ 指定服务器地址和通信端口;

④ 向服务器发送数据请求;

⑤ 进行数据传输;

⑥ 关闭套接字;

⑦ 在 Windows 操作系统下,结束对 Windows Sockets DLL 的使用,释放资源（Linux 操作

系统不需要此步骤）。

4.4 UDP 套接字编程的交互模型

基于以上对 UDP 套接字通信过程的分析,我们给出通信双方在实际通信中的交互时序以及对应函数。

在通常情况下,首先服务器端启动,它随时等待客户端服务请求的到来,而客户端的服务请求则由客户端根据需要随时发出。由于不需要连接,每一次数据传输的目的地址都可以在发送时改变,双方数据传输完成后,关闭套接字。由于服务器端的服务对象通常不限于单个,因此在服务器的函数设置上考虑了多个客户端同时连接服务器的情形。UDP 套接字的编程模型如图 4-1 所示。

客户端进程　　　　　　　　　　　　　服务器进程

socket ()：创建数据报套接字s

bind ()：套接字s与本地地址绑定

......

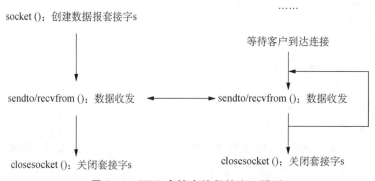

等待客户到达连接

socket ()：创建数据报套接字s

sendto/recvfrom ()：数据收发 ←→ sendto/recvfrom ()：数据收发

closesocket ()：关闭套接字s　　　　closesocket ()：关闭套接字s

图 4-1　UDP 套接字编程的交互模型

（1）服务器程序要先于客户端程序启动,服务器的工作过程如下:

① 在 Windows 操作系统下,调用 WSAStartup( )函数加载 Windows Sockets 动态库(Linux操作系统下不需要此步骤);

② 调用 socket( )函数创建一个 UDP 套接字,返回套接字 s;

③ 调用 bind( )函数将套接字 s 绑定到一个本地的端口地址上;

④ 调用 recvfrom( )函数接收来自客户端的数据;

⑤ 处理客户端的服务请求;

⑥ 调用 sendto( )函数向客户端发送数据;

⑦ 当结束客户端当前请求的服务后,服务器程序继续等待客户端进程的服务请求,回

到步骤④;

⑧ 如果要退出服务器程序,在 Windows 操作系统下调用 closesocket( )函数(在 Linux 操作系统下调用 close( )函数)关闭套接字。

(2)客户端的工作程序如下:

① 在 Windows 操作系统下,调用 WSAStartup( )函数加载 Windows Scockets 动态库(Linux 操作系统下不需要此步骤);

② 调用 socket( )函数创建一个 UDP 套接字,返回套接字 s;

③ 调用 sendto( )函数向服务器发送数据;

④ 调用 recvfrom( )函数接收来自服务器的数据;

⑤ 与服务器的通信结束后,在 Windows 操作系统下客户端进程调用 closesocket( )函数(Linux 操作系统下调用 close( )函数)关闭套接字 s。

在上述步骤中用到的函数的详细定义,请参见第 2 章 2.5 节。

由如图 4-1 所示的客户端与服务器的交互过程来看,服务器和客户端在通信过程中的角色是有差别的,对应的操作也不同。可进一步思考以下问题:

在 UDP 套接字中使用了另外一对数据收发函数 sendto( )和 recvfrom( ),这两个函数与 TCP 套接字中常用的 send( )和 recv( )函数有何区别?

在服务器和客户端的通信过程中,无连接服务器是如何处理多个客户端服务请求的呢?

4.5 UDP 套接字服务器的工作原理

有别于基于 TCP 套接字的服务器的工作过程,在基于 UDP 套接字开发的无连接服务器中,并不存在客户端与服务器之间的虚拟连接通道,当服务器的套接字准备好提供服务时,通常仅有一个套接字用于接收所有到达的数据报并发回所有的响应。由于服务器的服务对象通常不限于单个,这些客户端的请求都会进入该服务器的套接字接收缓冲区中,等待服务器处理。假设有两个客户端都在请求服务器的服务,图 4-2 中展示了两个客户端发送数据报到 UDP 服务器的情形。

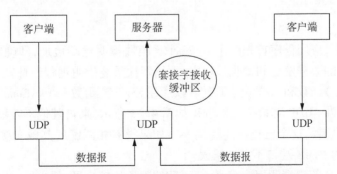

图 4-2 两个客户端的 UDP 客户端/服务器间通信模型

结合 UDP 套接字服务器的工作原理,我们进一步思考在服务器和客户端的通信过程中,服务器是如何处理多个客户端服务请求的。

从服务器的并发方式上看,根据实际应用的需求,服务器可以设计为一次只服务于单个客户端的循环服务器,也可以设计为同时为多个客户端服务的并发服务器,具体如下:

① 如果是循环服务器,则服务器每次接收到一个客户端的请求并处理后,继续接收进入套接字接收缓冲区的其他请求。这些请求可能是当前客户端的后续请求,也可能是其他客户端的请求,整个过程中,第4.4节介绍的服务器的工作过程中步骤④~⑦是循环进行的。这是最常见的无连接服务器的形式,适用于要求对每个请求进行少量处理的服务器设计。

② 如果是并发服务器,则要求当服务器与一个客户端进行通信的过程中,可以同时接收其他客户端的服务请求,并且服务器要为每一个客户端创建一个单独的子进程或线程。由于缺少连接的标识,区分每个客户端的请求是设计无连接并发服务器需要慎重考虑的重要环节。整个实现过程是第4.4节介绍的服务器的工作过程中步骤④~⑦,在与多个客户端通信时是并发执行的。

4.6 UDP 套接字的使用模式

我们知道,UDP 是一个无连接协议,也就是说,它仅仅传输独立的、有目的地址的数据报。"连接"的概念似乎与 UDP 套接字无关,而实际上,在有些情况下,"连接"在 UDP 套接字中的使用可以帮助网络应用程序在可靠性和效率方面有一定程度的优化。

(1) 两种 UDP 套接字的使用模式

在 UDP 套接字的使用过程中,可以有两种数据发送和接收的方式。

① 非连接模式

在非连接模式下,应用程序在每次数据发送前指定目的 IP 和端口号,然后调用sendto( )函数将数据发送出去,并在数据接收时调用 recvfrom( )函数,从函数返回参数中读取接收数据报的来源地址。这种模式通常适用于服务器的设计,服务器面向大量客户端,接收不同客户端的服务请求,并将数据应答发送给不同的客户端地址。另外,这种模式也同样适用于广播地址或组播地址的发送。以广播的方式发送数据为例,应用程序需要使用setsocketopt( )函数来开启 SO_BROADCAST 选项,并将目的地址设置为 INADDR_BROADCAST(相当于 inet_addr("255.255.255.255"))。

非连接模式是数据报套接字默认使用的数据发送和接收方式,这种模式的优点是数据发送的灵活性较好。

② 连接模式

在连接模式下,应用程序首先调用 connect( )函数指明远端地址,即确定了对方唯一的通信地址,在之后的数据发送和接收过程中,不用每次重复指明远程地址就可以发送和接收报文。此时,send( )函数和 sendto( )函数可以通用,recv( )函数和 recvfrom( )函数也可以通用。处于连接模式的 UDP 套接字工作过程如图 4-3 所示,来自其他不匹配的 IP 地址或端口的数据报不会投递给这个已连接的套接字。如果没有相匹配的其他套接字,UDP 将丢弃它们并生成相应的 ICMP 端口不可达错误。

一般来说,UDP 客户端调用 connect( )函数的现象比较少见,但也有 UDP 服务器与单个客户端长时间通信的应用程序,在这种情况下,客户端和服务器都可调用 connect( )函数。连接模式对那些一次只与一个服务器进行交互的常规客户端软件来说是很方便的,应用程序只需要一次指明服务器,而不管有多少数据报要发送,在这种情况下,只复制一次含有目的 IP 地址和端口号的套接字地址,传输效率会更高。另外,连接模式保证应用程序接收到的数据只能是连接对等方发来的数据,不会受到其他应用程序发来的噪声数据的影响。

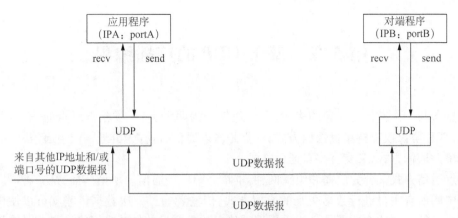

图 4-3　处于连接模式的 UDP 套接字工作过程

（2）"连接"在套接字中的含义

对于 TCP 来说，调用 connect( )函数将导致双方进入 TCP 的三次握手初始化连接阶段，客户端会发送 SYN 段给服务器，接收服务器返回的确认和同步请求，在连接建立好后，双方交换了一些初始的状态信息，包括双方的 IP 地址和端口号。因此，对于 TCP 套接字的 connect( )操作而言，connect( )函数完成的功能是：

① 在调用方为套接字关联远程主机的地址和端口号；

② 与远端主机建立连接。

该函数的成功暗示服务器是正在提供服务的，且双方的路径是可达的。从使用的次数上来看，connect( )函数只能在 TCP 套接字上调用一次。

对于 UDP 来说，由于双方没有共享状态要交换，所以调用 connect( )函数完全是本地操作，不会产生任何网络数据。因此，对于 UDP 套接字的connect( )函数完成的功能是：在调用方为套接字关联远程主机的地址和端口号。由于没有网络通信行为发生，该函数的成功并不意味着对等方一定会对后续的数据请求产生回应，可能服务器是关闭的，也可能网络根本就没有连通。一个 UDP 套接字可以多次调用 connect( )函数，目的可能是：

① 指定新的 IP 地址和端口号；

② 断开套接字。

对于第一个目的，通过再次调用 connect( )函数，可以使得 UDP 套接字更新所关联的远端端口地址；对于第二个目的，为了断开一个已连接的 UDP 套接字，在再次调用 connect( )函数时，把套接字地址结构的地址族成员设置为 AF_UNSPEC，此时，后续的 send( )、recv( )函数都将返回错误。

基本 UDP 套接字编程实例请见第三部分实验举例编程中的实验二。

第 5 章　基于 UDP 的广播编程

根据参与一次通信的对象的多少,可将通信分为两大类:一类是点对点通信,也称为单播通信,TCP 协议仅支持单播通信方式;一类是多点通信,也称为群通信或组通信,UDP 协议既支持单播通信方式,又支持多点通信方式。

多点通信方式又分为广播和组播两种,本章介绍广播通信。所谓广播,是一种同时与单一网络中的所有主机进行数据交互的通信方式,传输者通过一次数据传输就可以使网络上的所有主机接收到这个数据信息。采用广播信息的主要目的是减少网络流量或是在网络上查找指定的资源。

广播地址用于表示网络中所有主机的地址。IP 网络的广播地址可以分为直接广播地址和本地广播地址。

直接广播地址用于向一个指定的网络(已知网络号)发送数据的情况,比如,向网络号为 192.168.2.0/24 的网络中的所有主机发送一个广播数据,其所使用的目的地址就应该是直接广播地址 192.168.2.255,换言之,可以采用直接广播的方式向特定区域内所有主机传输数据。

本地广播地址使用的广播 IP 地址为 255.255.255.255。例如,192.168.2 网络中的主机向 255.255.255.255 传输数据时,数据将传递到 192.168.2 网络的所有主机中。

要在程序中实现广播数据的发送,需要使用 UDP 套接字。但 UDP 套接字在默认情况下是不能广播数据的,要让 UDP 套接字能够发送广播数据,必须先使用 setsockopt( )函数对相应的套接字选项进行设置。在介绍广播程序设计方法之前,先介绍一下套接字选项的概念和 setsockopt( )函数。

5.1　套接字选项与 setsockopt( )函数

套接字选项(Option)有时也被称为套接字属性,诸如套接字接收缓冲区的大小、是否允许发送广播数据、是否要加入一个组播组等这样一些套接字的行为特性,均是由套接字选项的值决定的。一般情况下,套接字选项的默认值能够满足大多数应用的需求,不必做任何修改,但有些时候为了使套接字能够满足某些特殊需求,比如希望套接字能发送广播数据,必须对套接字的选项值做出更改。

更改或查看套接字的选项值分别使用函数 setsockopt( )和 getsockopt( )。setsockopt( )函数专门用于设置套接字选项,它可用于任意类型、任意状态的套接字的选项设置。getsockopt( )函数则用来获取一个套接字的选项值。这两个函数的参数大多是一样的,差别仅在于 optval 和 optlen 这两个参数。对 setsockopt( )函数而言,这两个参数是输入参数,optval 所指向的变量的值是要设置的选项值,optlen 的值则是 optval 所指向的变量占用的字节数,这两个参数必须由应用程序提供;对 getsockopt( )函数而言,optval 所指向的变量用于存放获取的选项值,是一个输出参数,而 optlen 则既是传入参数也是传出参数,它是一个指针变量,指向的变量值是 optval 所指向的变量占用的字节数,函数调用前应用程序必须填写它所指向的变量值,函数返回时的变量的值又会被系统所改写。

函数原型

```
int setsockopt(
    int sockfd,
    int level,
    int optname,
    const char * optval,
    int optlen
)
```

参数说明

● sockfd:一个打开的套接字。

● level:指定选项的类型(层次),可以取值为 SOL_SOCKET(基本套接字选项)、IPPROTO_IP(IPv4 套接字选项)、IPPROTO_TCP(TCP 选项)或 IPPROTO_IPV6(IPv6 套接字选项)等。

● optname:指定要获取或设置的选项的名称。

● optval:指向的存储空间存储要获取的或要设置的选项的值,在 Windows 操作系统下,此参数类型是 char 型指针,在 Linux 操作系统下是 void 型指针。

● optlen:对 setsockopt( )而言,是一个整数,表示参数 optval 指向的变量的大小(变量所占用的存储空间的字节数);对 getsockopt( )而言,是一个指向整型变量的指针,所指向的整型变量存储有参数 optval 指向的变量的大小。在 Windows 操作系统下,此参数的类型是 int,在 Linux 操作系统下,此参数的类型是 unsigned int。

返回值

若无错误发生,两个函数均返回 0;若产生错误,则返回 SOCKET_ERROR。

说明

① 套接字选项有两种类型:一种是布尔型的选项(取值为 int 型,非 0 值表示 TRUE,0 表示 FALSE),这种选项可以禁止或允许一种特性,另一种则是整型或结构型选项,这种选项用来设置系统工作时的某些参数值。

② 套接字的有些选项既可以设置也可以获取,但有些套接字选项只能获取不能设置或只能设置不能获取。

③ 在所有的套接字级别中,SOL_SOCKET 表示基本套接字选项,该级别的套接字选项主要是针对传输层协议(TCP 或 UDP)的,选项名字以 SO 开头;IPPROTO_IP 级别的套接字选项是针对网络层协议的,选项名字均以 IP 开头;IPPRO_TCP 级别的选项则只是针对 TCP 的,目前只有两个选项。常用的套接字选项名称及含义见表 5-1~表 5-3。

表 5-1　SOL_SOCKET 选项级别下的各种选项

选项名称	获取/设置	说　明	数据类型
SO_ACCEPTCONN	获取	检查套接字是否进入监听模式,非 0,表明套接字进入监听模式	int
SO_BROADCAST	获取/设置	是否允许发送广播数据,非 0,允许发送	int
SO_DEBUG	获取/设置	是否允许调试输出,非 0,允许调试输出	int
SO_DONTROUTE	获取/设置	发送数据是否查找路由表,非 0 值,表示直接向网络接口发送信息,不用查路由表	int
SO_ERROR	获取	获取并清除以套接字为基础的错误代码	int
SO_KEEPALIVE	获取/设置	只适用于 TCP 流式套接字,设为非 0,如果套接字在一段时间内无数据发送也没收到数据,TCP 将自动发送一个报文段以测试连接对端是否在线	int
SO_LINGER	获取/设置	套接字关闭的时延值	struct linger
SO_OOBINLINE	获取/设置	如果为非 0 值,表示带外数据放入正常数据流中	int
SO_RCVBUF	获取/设置	接收缓冲区大小	int
SO_SNDBUF	获取/设置	发送缓冲区大小	int
SO_DONTLINGER	获取/设置	如果为非 0 值,则禁用 SO_LINGER	int
SO_CONNECT_TIME	获取	套接字的建立时间,以秒为单位。如果未建立连接则返回 0Xffffffff	int
SO_RCVTIMEO	获取/设置	阻塞模式下套接字的接收超时时间	struct timeval
SO_SNDTIMEO	获取/设置	阻塞模式下套接字的发送超时时间	struct timeval
SO_REUSERADDR	获取/设置	重用本地地址和端口,非 0 为允许重用	int
SO_TYPE	获取	获得套接字类型	int
SO_EXCLUSIVEADDRUSE	获取/设置	允许或禁止其他进程在一个本地地址上使用 SO_REUERADDR,非 0 为禁止	int

表 5-2　IPPROTO_IP 选项级别下的各种选项

选项名称	获取/设置	说　明	数据类型
IP_OPTIONS	获取/设置	设置或获取 IP 头内的 IP 选项	char
IP_HDRINCL	获取/设置	如果非 0,将允许应用程序能接收 IP 层以上层的所有数据,并允许自行组装包含 IP 首部在内的整个分组,仅适用于原始套接字	int
IP_DONTFRAGMENT	获取/设置	IP 分组是否分段,非 0 值,将禁止 IP 分组在过程中被分段	int
IP_TOS	获取/设置	服务类型	int
IP_TTL	获取/设置	分组的生存时间	int
IP_ADD_MEMBERSHIP	设置	将套接字加入到指定组播组	struct ip_mreg
IP_DROP_MEMBERSHIP	设置	将套接字从指定组播组中删除	struct ip_mreg
IP_MULTICAST_TTL	获取/设置	组播报文的 TTL	char
IP_MULTICAST_IF	获取/设置	指定提交组播报文的接口	int
IP_MULTICAST_LOOP	获取/设置	使组播报文环路有效或无效	char

表 5-3　IPPRO_TCP 选项级别下的各种选项

选项名称	获取/设置	说　明	数据类型
TCP_MAXSEG	获取/设置	TCP 最大数据段的大小	int
TCP_NODELAY	获取/设置	非 0 值表示禁用 Nagle 算法	int

设置套接字接收超时时间

当一个流式套接字工作在阻塞模式时,如果调用 recv()函数在该套接字上接收数据,在数据没有到达之前线程将会在 recv()函数上阻塞,如果一直没有数据到来,则将一直阻塞下去。有时可能会希望设置一个期限,在期限内如果没有数据到达则 recv()函数就阻塞等待,如果超过期限数据仍未到达,则 recv()函数返回,不再等待。这个期限就是套接字的一个选项——SOL_SOCKET 级别选项的 SO_RCVTIMEO,称为套接字的接收超时时间。

在 Windows 操作系统下,套接字接收超时时间选项的值是一个以毫秒为单位的整数;在 Linux 操作系统下,是以秒为单位的整数。如果要将套接字 newsock 的接收超时时间设为 1 s,可使用如下代码:

```
int tv_out = 1;
setsockopt(newsock, SOL_SOCKET, SO_RCVTIMEO, & tv_out, sizeof(tv_out));
```

执行上述代码后,就设定了 recv()函数在套接字 newsock 上的超时时间为 1 s,当调用 recv()函数后超过 1 s 仍没有数据到来,在 Windows 操作系统下,recv()将返回 WSAETIMEDOUT(在 Linux 操作系统下,将返回 ETIMEDOUT)。

要使一个 UDP 套接字能够发送广播数据,则需要设置 SOL_SOCKET 选项级别下的 SO_BROADCAST 选项,该选项值为 BOOL 型,设为 TRUE 则允许发送广播数据,FALSE 则禁止发送。只对 UDP 套接字和原始套接字有效。下面的代码将一个已创建好的 UDP 套接字 BroadcastSock 设置为允许发送广播数据。

```
BOOL yes = TRUE;
int vsize = sizeof(BOOL);
setsockopt(BroadcastSock,SOL_BROADCAST, (char * )&yes,vsize);
```

5.2　广播数据的发送与接收

(1) 广播的发送

发送广播数据与发送普通数据一样都是使用 sendto( )或 send( )函数,所不同的一点就是发送广播数据的目的地址应设置为广播地址。

如果要设置广播的目的地址为某一指定网络,则地址中的 IP 地址就应该是一个直接广播地址,如果是本网络,则 IP 地址应是有限广播地址 255.255.255.255。在程序中,有限广播地址可用宏 INADDR_BROADCAST 表示。

除设置 IP 广播地址外,还必须指定接收者所使用的 UDP 端口号,该端口号必须与接收端的套接字所绑定的端口号一致,否则接收端将接收不到广播数据。下面的代码就是一个设置广播地址并发送广播信息的例子。

```
SOCKADDR_IN broadadd;
broadadd.sin_family = AF_INET;
broadadd.sin_port = hrons(56789);
broadadd.sin_addr.S_un.S_addr = INADDR_BROADCAST;
char sendBuffer[] = "this is the broadcast message";
int len = sizeof(sendBuffer);
sendto(BroadcastSock, sendBuffer ,len,0,(sockaddr * )&broadaddr, sizeof(broadaddr));
```

(2) 广播的接收

接收广播数据的套接字既可以是一个普通套接字,也可以是一个设置了广播属性能发送广播数据的套接字。要接收广播数据报的套接字在接收数据前必须绑定地址,而绑定的地址中的 IP 地址则必须是 INADDR_BROADCAST 或者 INADDR_ANY,为 INADDR_ANY 时,套接字不仅可以接收广播数据,还可以接收目的地址为本机 IP 地址的单播数据,而绑定的 IP 地址为 INADDR_BROADCAST 时,则只能接收广播数据。绑定的 UDP 端口号必须与发送广播数据时目的地址中指定的端口号一致。

接收广播数据与接收普通数据完全相同,只需要在绑定好地址的套接字上调用 recvfrom ( )函数即可。

5.3　广播程序流程

除了需要对 UDP 套接字设置广播选项外,编写广播程序的步骤与普通的 UDP 套接字编程的步骤基本相同。广播程序的基本流程如图 5-1 所示。

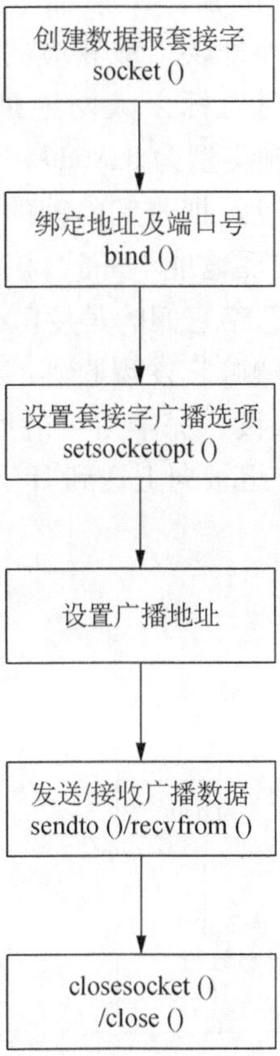

图 5-1　广播程序的基本流程

说明

① 如果 UDP 套接字仅用于发送广播数据,则不必调用 bind( )函数绑定本地 IP 地址及端口号,但如果该套接字还用于接收数据,则必须要绑定本地地址。

② 如果一个 UDP 套接字只用于接收广播数据而不发送广播数据,则没有必要设置该套接字的广播选项,也就是说,一个普通的 UDP 套接字可以既接收单播数据也接收广播数据。如果要让一个 UDP 套接字只接收广播数据,则需要将该套接字绑定的地址中的 IP 地址设置为 INADDR_BROADCAST。

③ 如果 UDP 套接字提前使用 connect( )函数指定发送目的地址为一个广播地址,使用 send( )函数也可以发送广播数据。

5.4　单播与广播的比较

下面我们看一下向一个单播地址发送一个 UDP 数据报和向一个广播地址发送一个 UDP 数据报的过程有何不同。

(1) 单播示例

图 5-2 展示了某个以太网上的三个主机,以太网子网地址为 192.168.24/42,其中 24 位作为子网 ID,剩下 8 位作为主机 ID。左侧的应用进程在一个 UDP 套接字上调用 sendto( )函

数,往 IP 地址为 192.168.42.3 的主机、端口为 7433 的进程发送一个数据报。经过 UDP 层加上 UDP 首部后把 UDP 数据报传递到 IP 层。IP 层加上一个 IPv4 首部,确定其外出接口,在以太网下,利用 ARP 协议把目的 IP 地址映射成相应的目标以太网地址:00:0a:95:79:bc:b4,然后该分组作为以太网帧发送到目标以太网地址。该以太网帧的帧类型字段值为0x0800,表示是 IPv4 帧类型,IPv6 的帧类型为 0x86dd。

中间主机的以太网接口收到该帧后,把收到的帧的目的以太网地址与自己的以太网地址(00:04:ac:17:bf:38)进行比较,发现地址不一致,该接口会忽略这个帧。可见单播帧不会对该主机造成任何额外开销,因为忽略它们的是接口而不是主机。

右侧主机的以太网接口也看到该帧,它发现收到的帧的目的以太网地址和自己的以太网地址相同,故该接口将读入整个帧,读入完毕后可能产生一个硬件中断,致使相应设备驱动程序从接口内存中读取该帧。该分组被向上送到 IP 层(该帧的帧类型为 0x0800)。

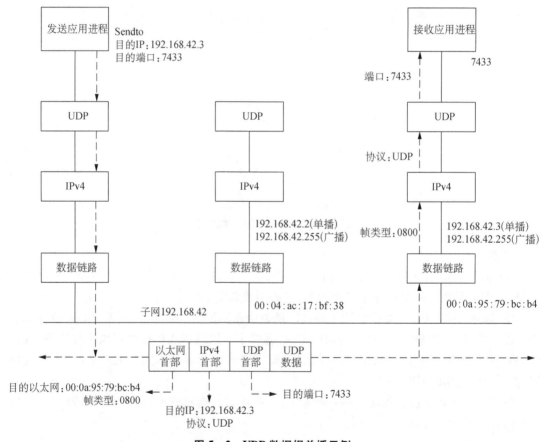

图 5 - 2　UDP 数据报单播示例

当 IP 层处理该分组时,首先比较该分组的目的 IP 地址(192.168.42.3)和自己的 IP 地址,若发现目的地址是本机的 IP 地址之一,该分组会被接受。

IP 层接着查看该分组 IPv4 首部中的协议字段,其值为 17,表示分组为 UDP 数据报,故该分组承载的 UDP 数据报被传递到 UDP 层。

UDP 层检查该 UDP 数据报的目的端口,接着在本例中把该数据报置于相应套接字的接收队列中。

本例的关键点是单播 IP 数据报仅由通过目的 IP 地址指定的单个主机接收。子网上的其他主机都不受任何影响。

（2）广播示例

我们接着看一个类似的例子：同样的子网，只是发送进程发送的是一个目的地址为子网定向广播地址 192.168.42.255 的数据报，如图 5－3 所示。

当左侧的主机发送该数据报时，由于目的 IP 地址是所在以太网的子网定向广播地址，所以映射成 48 位全为 1 的以太网地址：ff:ff:ff:ff:ff:ff。这个地址使得该子网上的每一个以太网接口都接收该帧，图中右侧两个运行 IPv4 的主机都接收该帧。由于以太网的帧类型为 0x0800，这两个主机都把该分组传递到 IP 层，然后将该分组承载的 UDP 数据报传递给 UDP 层。到 UDP 层后若发现端口不匹配，数据会被丢弃，如图 5－3 中的中间节点，只有端口匹配，广播数据才会被交付给对应的应用进程。

右侧主机把该 UDP 数据报传递给绑定端口 520 的应用程序，中间的主机没有任何应用进程绑定 UDP 端口 520，该主机的 UDP 代码丢弃了这个已收取的数据报。该主机绝不能发送一个 ICMP 端口不可达消息，因为这么做可能产生广播风暴，即子网上大量主机几乎同时产生一个响应，导致网络在一段时间内不可用。

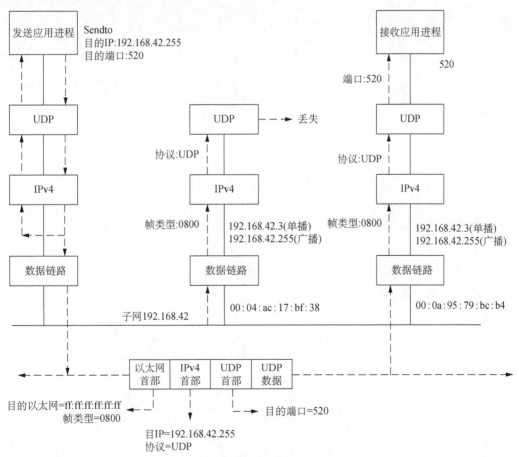

图 5－3　UDP 数据报广播示例

我们还在图 5-3 中表示出左侧主机发送的数据报也被递送给自己。这是广播的一个属性,根据定义,广播分组会发往子网上的所有主机,包括发送主机自身。我们假设发送应用程序还绑定自己要发送到的端口 520,这样它将收到自己发送的每个广播数据报的一个副本。

图 5-3 的示例展示了广播存在的根本问题,子网上未参加相应广播应用的所有主机也不得不沿协议栈一路完整地处理收取的 UDP 广播数据报,直到该数据报历经 UDP 层时被丢弃为止。另外,子网上所有非 IP 的主机(例如运行 Novell IPX 的主机)也不得不在数据链路层接收完整的帧,然后再丢弃它。如果运行的应用进程以较高速率产生 IP 数据报(例如音频、视频应用),这些非必要的处理有可能严重影响子网上其他主机的工作。我们将在下一章看到组播是如何在一定程度上解决该问题的。

UDP 广播实例请参见第三部分实验举例编程中的实验三。

第6章　基于 UDP 的局域网组播编程

6.1　概述

单播地址标识单个 IP 接口,广播地址标识某个子网的所有 IP 接口,组播地址标识一组 IP 接口。单播和广播是寻址方案的两个极端(要么单个要么全部),组播则是两者之间的一种折中的方案。组播数据报只会被对它感兴趣的接口接收,也就是说由运行相应组播会话应用程序的主机上的接口接收。另外,广播一般局限于局域网内使用,而组播则既可用于局域网,也可以跨广域网使用,本章中主要介绍局域网中组播的使用。

套接字 API 为支持组播而增添的内容比较简单:9 个套接字选项,其中 3 个选项是目的地址为组播地址的 UDP 数据报的发送而设置的,另外 6 个选项是主机为组播数据报的接收而设置的。

6.2　组播地址

在讲组播地址的时候,我们必须区分 IPv4 组播地址和 IPv6 组播地址。

6.2.1　IPv4 的 D 类地址

IPv4 的 D 类地址(从 224.0.0.0 到 239.255.255.255)是 IPv4 的组播地址。D 类地址的低序 28 位构成组播组 ID(group ID),整个 32 位地址则称为组地址(group address)。

图 6-1 展示了 IPv4 组播地址到以太网地址的映射方法。IPv4 组播地址到以太网地址的映射见 RFC 112[Deering 1989],到 FDDI 网络地址的映射见 RFC1390[Katz 1993],到令牌环网地址的映射见 RFC 1469[Pusateri 1993]。图 6-1 中还展示了 IPv6 组播地址到以太网地址的映射,以便比较二者映射成以太网地址的结果。

考察一下 IPv4 的映射。以太网地址的高序 24 位总是 01:00:5e,下一位总是 0,低序 23 位复制组播组 ID 的低序 23 位,组播组 ID 的高序 5 位在映射过程中被忽略。这一点意味着 32 个组播地址映射成单个以太网地址,因此这个映射关系不是一对一的。

以太网地址首字节的低序 2 位标明该地址是一个统一管理的组地址。统一管理属性位意味着以太网地址的高序 24 位由 IEEE 分配,组地址属性位由接收口识别并进行特殊处理。

下面是若干个特殊的 IPv4 组播地址。

(1) 224.0.0.1 是所有主机组。子网上所有具有组播能力的节点(主机、路由器、打印机等)必须在所有具有组播能力的接口上加入该组。

(2) 224.0.0.2 是所有路由器组。子网上所有组播路由器必须在所有具有组播能力的接口上加入该组。

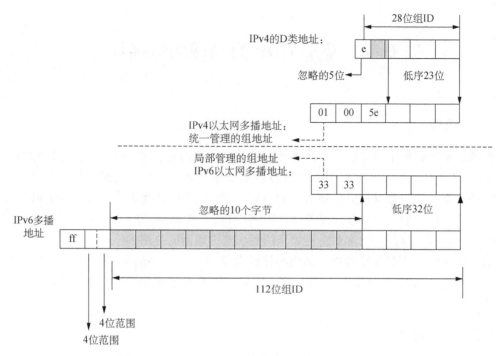

图 6-1　IPv4 和 IPv6 多播地址到以太网地址的映射

介于 224.0.0.0~224.0.0.255 之间的地址（也可以写成 244.0.0.0/24）称为链路局部的组播地址。这些组播地址是为低级拓扑发现和维护协议保留的。组播路由器从不转发以这些地址为目的地址的数据报。我们将在考察 IPv6 组播地址之后再讨论 IPv4 组播地址的范围。

6.2.2　组播地址范围

IPv6 组播地址显式存在一个 4 位的范围字段（scope），用于指定组播数据报能够游走的范围。IPv6 分组还有一个跳限字段（hop limit），用于限制分组被路由器转发的次数。下面是若干个已经分配给范围字段的值。

- 1：局部接口（interface-local）。
- 2：局部链路（link-local）。
- 3：局部管区（admin-local）。
- 4：局部网点（site-local）。
- 8：局部组织机构（organization-local）。
- 14：全球或全局（global）。

其余值或者不做分配，或者保留。接口局部数据报不准由接口输出，链路局部数据报不可由路由器转发。管区、网点和组织机构的具体定义由该网点或组织机构的组播路由器管理员决定。只是范围字段值不同的 IPv6 组播地址代表不同的组。

尽管把 IPv4 的 TTL 字段用作组播范围控制已经被接受并且成为受推荐的做法，但是如果可能的话，可管理的范围划分则更为可取，它把 IPv4 239.0.0.0~239.255.255.255 的地址定义为可管理地划分范围的 IPv4 组播空间，占据组播地址空间的高端。该范围内的地址由组织机构内部分配,但是不保证跨组织机构边界的唯一性。任何组织机构必须把它的边界组播路由器配置成禁止转发以其为目的地址的组播数据报。

IPv4 组播地址空间被进一步划分为本地范围和组织机构局部范围,其中前者类似于 IPv6 的局部网点范围。表 6-1 汇总了不同的范围划分规则。

表 6-1　IPv4 和 IPv6 组播地址范围

范围	IPv6 范围	IPv4 范围	
		TTL 范围	可管理范围
局部接口	1	0	
局部链路	2	1	224.0.0.0~224.0.0.255
局部网点	5	<32	239.255.0.0~239.255.255.255
局部组织机构	8	—	239.192.0.0~239.195.255.255
全球	14	≤255	224.0.1.0~238.255.255.255

6.2.3　组播的通信过程

局域网内组播的实现也依赖于 UDP,组播的客户端和服务器端都要创建 UDP,并且组播通信的发送方需要将接收方地址指定为组播地址,而在接收端,需要加入相应的组播组,才能使双方顺利地收发消息。下面从发送和接收两个角度来分析组播的通信过程。

(1)基于 UDP 局域网组播的服务器进程的通信过程

在通信过程中,服务器进程作为组播的消息接收方,接收客户端的请求,其基本通信过程如下:

① 在 Windows 操作系统下,需要进行 Windows Sockets DLL 初始化,协商版本号(Linux 操作系统不需要此步骤);

② 创建套接字,指定使用 UDP 进行通信;

③ 加入组播组;

④ 等待客户端的数据请求;

⑤ 进行数据传输;

⑥ 关闭套接字;

⑦ 在 Windows 操作系统下,结束对 Windows Sockets DLL 的使用,释放资源(Linux 操作系统不需要此步骤)。

(2)基于 UDP 局域网组播的客户端进程的通信过程

在通信过程中,客户端进程指定服务器为组播地址,其基本通信过程如下:

① 在 Windows 操作系统下,需要进行 Windows Sockets DLL 初始化,协商版本号(Linux 操作系统不需要此步骤);

② 创建套接字,指定使用 UDP 进行通信;

③ 指定服务器地址为组播地址;

④ 向服务器发送数据请求;

⑤ 进行数据传输;

⑥ 关闭套接字；

⑦ 在 Windows 操作系统下,结束对 Windows Sockets DLL 的使用,释放资源(Linux 操作系统不需要此步骤)。

6.2.4 局域网上的组播和广播的比较

第 5 章中我们介绍了在一个局域网中一台主机发送单播包和广播包的区别,在此我们看看在组播情况下将会发生什么。我们以如图 6-2 所示的通信过程作为例子。

启动右侧主机上的接收应用进程,创建一个 UDP 套接字,绑定端口 123,并通过调用setsockopt( )函数加入组播组 224.0.1.1。IPv4 层内部保存这些信息,并告知合适的数据链路接收以太网目的地址为 01:00:5e:00:01:01 的以太网帧。该地址是接收应用进程刚加入的组播地址对应的以太网地址,其中所用映射方法如图 6-1 所示。

左侧主机上的发送应用进程创建一个 UDP 套接字,向 IP 地址为 224.0.1.1,端口为 123的应用进程发送一个数据报。发送组播数据报无需任何特殊处理,发送应用进程不必为此加入组播组。发送主机把该 IP 地址转换成相应的以太网目的地址,再发送承载该数据报的以太网帧。注意该帧中同时含有目的以太网地址(由接口检查)和目的 IP 地址(由 IP 层检查)。

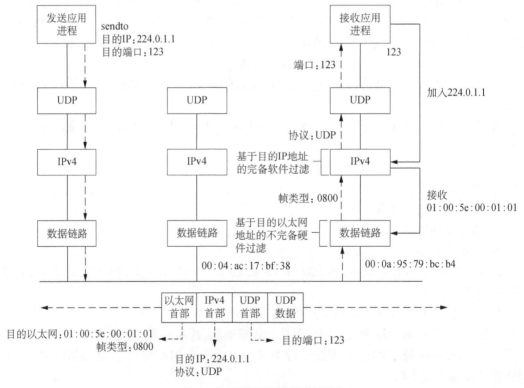

图 6-2 UDP 数据报组播示例

我们假设中间主机不具备 IPv4 组播能力(因为 IPv4 组播支持是可选的),它将完全忽略该帧,因为,首先该帧的目的以太网地址不匹配该主机的接口地址,其次该帧的目的以太网地址不是以太网广播地址,第三该主机的接口未被告知接收任何组地址(高序字节的低序位被置为 1 的以太网地址,如图 6-1 所示)。

　　右侧主机的数据链路层接收该帧后,把由该帧承载的分组传递到 IP 层,由于收到的分组是以某个组播 IP 地址作为目的地址的,因此,IP 层比较该地址和本机的接收应用进程已经加入的所有组播地址,根据比较结果确定是接受还是丢弃该分组。在本例中,IP 层接受该分组并把承载在其中的 UDP 数据报传递到 UDP 层,UDP 层再把承载在 UDP 数据报中的应用数据报传递到绑定了端口 123 的套接字中。

　　局域网的组播编程实例请参见第三部分实验举例编程中的实验四:UDP 组播。

第7章　原始套接字编程

原始套接字是允许访问底层传输协议的一种套接字类型,提供了普通套接字所不具备的功能,能够对网络数据包进行某种程度的控制操作。因此原始套接字通常用于开发简单网络性能、监视程序以及网络探测、网络攻击等工具。由于这种套接字类型给攻击者带来了数据包操控上的便利,在引入 Windows 环境时备受争议,甚至在 MSDN 中明确对该套接字的使用给出了警告。

本章全面讲述原始套接字的能力,原始套接字在创建、输入和输出过程中与 TCP 套接字和 UDP 套接字的不同之处,以及如何使用原始套接字操作数据通信等。使用原始套接字编程控制协议更底层的数据,要求程序设计人员对 TCP/IP 协议有更加深入的理解。

7.1　原始套接字的功能

在第 3 章和第 4 章中我们熟悉了 TCP 套接字和 UDP 套接字两类常用的网络编程方法。从用户的角度看,在 TCP/IP 协议族中,TCP 套接字和 UDP 套接字这两类套接字分别对应传输层的 TCP 和 UDP 协议,几乎所有的应用数据传输都可以用这两类套接字实现。

但是,当我们面对如下问题时,TCP 套接字和 UDP 套接字却显得无能为力,比如:

① 怎样发送一个自定义的 IP 数据包?

② 怎样接收 ICMP 协议承载的差错报文?

③ 怎样使主机捕获网络中其他主机间的报文?

④ 怎样伪装本地的 IP 地址?

⑤ 怎样模拟 TCP 或 UDP 协议的行为实现对协议的灵活操纵?

Berkeley 套接字将 TCP 套接字和 UDP 套接字定义为标准套接字,用于在主机之间通过 TCP 和 UDP 来传输数据。为了保证 Internet 的使用频率,除了传输数据之外,操作系统的协议栈还处理了大量的非数据流量,如果程序员在创建应用时也需要对这些非数据流量进行控制,那么需要另一种套接字,即原始套接字。这种套接字越过了 TCP/IP 协议栈的部分层次,为程序员提供了完全且直接的数据包级的 Internet 访问能力,如图 7 - 1 所示。

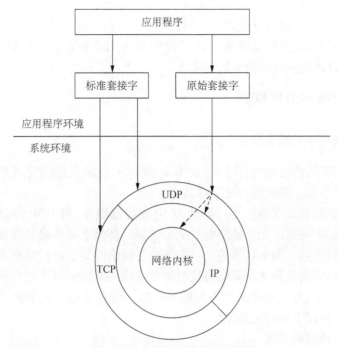

图 7-1　标准套接字与原始套接字

从图 7-1 中可以看出,对于使用普通 TCP 套接字和 UDP 套接字的应用程序,它们只能控制数据包的数据部分,也就是除了传输层首部和网络层首部以外的数据部分。而传输层首部和网络层首部则由协议栈根据创建套接字时指定的参数负责填充。显然,对于这两部分信息,开发者是无法管理的。但是原始套接字则有所不同,通过它不但可以控制传输层的首部,还可以控制网络层的首部,这给程序员提供了很大的灵活性,同时,原始套接字为网络程序提供的这种灵活性给网络安全带来了一定的安全隐患。

具体而言,原始套接字有以下三种普通 TCP 套接字和 UDP 套接字不具有的能力:

(1) 发送和接收 ICMPv4、IGMPv4、ICMPv6 和 IGMPv6 等分组

原始套接字能够处理在 IP 头中预定义的网络层上的协议分组,如 ICMP、IGMP 等。举例来说,ping 程序使用原始套接字发送 ICMP 回送请求并接收 ICMP 回送应答。组播路由守护程序也使用原始套接字发送和接收 ICMPv4 分组。

这个能力还使得使用 ICMP 和 IGMP 构造的应用程序能够完全作为用户进程处理,而不必往内核中额外添加代码。

(2) 发送和接收内核不处理其协议字段的 IPv4 数据包

对于 8 位 IPv4 协议字段,大多数内核仅仅处理该字段值为 1(ICMP 协议)、2(IGMP 协议)、6(TCP 协议)、7(UDP 协议)的数据报,然而为协议字段定义的其他值还有很多,在 IANA 的"Protocol Numbers"中有详细的定义。举例来说,OSPF 路由协议既不使用 TCP 也不使用 UDP,而是直接通过 IP 协议承载,协议类型为 89。如果想在一个没有安装 OSPF 路由协议的系统上处理 OSPF 数据报文,则必须使用原始套接字读写这些 IP 数据包,因为内核不知道如何处理协议字段为 89 的 IPv4 数据包,这个能力还延续到 IPv6。

（3）控制 IPv4 首部

使用原始套接字不仅能直接处理 IP 协议承载的协议分组,而且能够直接控制 IP 首部,通过设置 IP_HDRINCL 套接字选项可以自行构造 IPv4 首部字段。我们可以利用该选项构造特殊的 IP 首部以达到某些探测和访问需求。

7.2 原始套接字编程模型

7.2.1 原始套接字的适用场合

尽管原始套接字的功能强大,可以构造 TCP 和 UDP 的协议数据完成数据传输,但是这种套接字类型也并不是在所有的情况下都适用。

在网络层上,原始套接字基于不可靠的 IP 分组传输服务,与 UDP 套接字类似,这种服务的特点是无连接、不可靠。无连接的特点决定了原始套接字的传输非常灵活,具有资源消耗小、处理速度快的优点。而不可靠的特点意味着在网络质量不好的情况下,数据包丢失会比较严重,因此上层应用程序选择网络协议时需要考虑网络应用程序运行的环境,数据在传输过程中的丢失、乱序、重复所带来的不可靠性问题。结合原始套接字的开发层次和能力,原始套接字适合于在以下场合选择使用:

（1）特殊用途的探测应用

原始套接字提供了直接访问硬件通信的相关能力,其工作层次决定了此类套接字具有灵活的数据构造能力,应用程序可以利用原始套接字操作 TCP/IP 数据包的结构和内容,实现面向特殊用途的探测和扫描。

（2）基于数据包捕获的应用

对于从事协议分析或网络管理的人来说,各种入侵检测、流量监控以及协议分析软件是必备的工具,这些软件都具有数据包捕获和分析的能力。原始套接字能够操控网卡进入混杂模式的工作状态,从而达到捕获流经网卡的所有数据包的目的。

（3）特殊用途的传输应用

原始套接字能够处理内核不认识的协议数据,对于一些特殊应用,我们希望不增加内核功能,而是完全在用户层面完成对某类特殊协议的支持,原始套接字能够帮助应用数据在构造过程中修改 IP 首部协议字段值,并接收处理这些内核不认识的协议数据,从而完成协议功能在用户层面的扩展。

原始套接字的灵活性决定了这种编程方法受到了许多黑客和网络管理人员的欢迎,但是由于涉及复杂的控制字段构造和解释工作,使用这种套接字类型完成网络通信并不容易,需要程序设计者对 TCP/IP 协议有深入的理解,同时具备深厚的网络程序设计经验。

7.2.2 原始套接字的通信过程

基于上述对原始套接字应用场合的分析,使用此类套接字编写的程序往往面向特定应用,侧重于网络数据的构造与发送或者捕获与分析。

使用原始套接字传送数据与使用 UDP 套接字的过程类似,不需要建立连接,而是在网络层上直接根据目的地址构造 IP 分组进行数据传送。以下从发送和接收两个角度来分析原始套接字的通信过程。

（1）基于原始套接字的数据发送过程

在通信过程中,数据发送方根据协议要求,将要发送的数据填充进发送缓冲区,同时给发送数据附加上必要的协议首部,全部填写好后,将数据发送出去。其基本通信过程如下:

① 在 Windows 操作系统下,Windows Sockets DLL 初始化,协商版本号（Linux 操作系统下不需要此步骤）;

② 创建套接字,指定使用原始套接字进行通信,根据需要设置 IP 控制选项;

③ 指定目的地址和通信端口;

④ 填充首部和数据;

⑤ 发送数据;

⑥ 关闭套接字;

⑦ 在 Windows 操作系统下,结束对 Windows Sockes DLL 的使用,释放资源（Linux 操作系统下不需要此步骤）。

在数据发送前,应用程序需要首先创建好原始套接字,为网络通信分配必要的资源。

发送数据需要填充目的地址并构造数据,步骤②根据应用的不同,原始套接字可以有两种选择:仅构造 IP 数据或构造 IP 首部和 IP 数据。此时程序设计人员需要根据实际需要对套接字选项进行配置。

（2）基于原始套接字的数据接收过程

在通信过程中,数据接收方设定好接收条件后,从网络中接收到与预设条件相匹配的网络数据,如果出现了噪声,则要对数据进行过滤。其基本通信过程如下:

① Windows Sockets DLL 初始化,协商版本号（Linux 操作系统下不需要此步骤）;

② 创建套接字,指定使用原始套接字进行通信,并声明特定的协议类型;

③ 根据需要设定接收选项;

④ 接收数据;

⑤ 过滤数据;

⑥ 关闭套接字;

⑦ 结束对 Windows Socks DLL 的使用,释放资源（Linux 操作系统下不需要此步骤）。

在数据接收前,应用程序需要创建好套接字,为网络通信分配必要的资源。

网络接口提交给原始套接字的数据并不一定是网卡接收到的所有数据,如果希望得到特定类型的数据包,步骤③中应用程序可能需要对套接字的接收进行控制,设定接收选项。

由于原始套接字的数据传输也是无连接的,网络接口提交给原始套接字的数据很可能存在噪声,因此在接收到数据后,需要对数据进行一定条件的过滤。

综上所述,在使用原始套接字进行数据传输的编程过程中,增加了诸多操作,如套接字选项的设置、传输协议首部的构造、网卡工作模式的设定以及接收数据的过滤与判断等,这些操作要求程序设计人员在原始套接字的创建、接收与发送过程中充分理解其操作技巧和数据形态。

7.3　原始套接字的创建、输入与输出

在 7.2 节中给出了原始套接字的编程模型。使用原始套接字通信的基本函数与 UDP 套接字类似,但是,由于工作的层次更低,原始套接字在创建、输入与输出过程中与数据报套接

字有一些不同之处,本节将阐述如何使用原始套接字。

7.3.1 创建原始套接字

要使用原始套接字,程序首先要求操作系统创建套接字抽象层的实例,完成这个任务的函数是 socket( ),它的参数指定了程序所需的套接字类型。

在原始套接字中,我们使用常量 SOCK_RAW 指明套接字类型。

由于原始套接字提供管理下层传输的能力,它们可能会被恶意利用,这是一个安全问题,Windows 操作系统下只有具有管理员(administrator)权限的用户才能创建原始套接字,否则在 bind( ) 函数调用时会失败,报错的错误码为 WSAEACCES,Linux 操作系统需要获得 ROOT 权限的用户才能创建原始套接字,否则会报错误码 EACCES。原始套接字对创建者的系统角色提出了更高的要求,只有具有更高权限的用户才能够创建原始套接字,这么做可以防止普通用户向网络发出恶意构造的 IP 数据包。

> 对于 socket (int domain,int type,int protocol)的第 3 个参数(协议参数)而言,在使用 TCP 套接字和 UDP 套接字时,我们习惯于用 0 代表默认协议,即系统为所选类型的套接字提供该套接字类型对应的默认协议。对于 AF_INET 地址族而言,系统为 TCP 套接字默认提供 TCP 协议,而对数据报套接字默认提供 UDP 协议。通常来说,对于某一给定的地址族,系统为特定的套接字只提供一种协议,如果对特定套接字提供不止一种类型协议,那么需要在协议字段明确指明协议类型。

原始套接字能够操控的协议类型有很多,协议字段此时通常不为 0,而是由一个协议类型的宏定义具体指明。协议参数的设置要根据具体情况来确定,它依赖于原始套接字所要实现的目的以及系统的环境等多种因素。

在 Windows 操作系统的 Winsock 2. h(Linux 下见 Linux/in. h)中预定义了 20 种左右的协议类型,并定义了它所能支持的最大数据 IPPROTO_MAX(256),当超过这个数目时,则不能成功创建原始套接字。常用的协议类型如表 7 - 1 所示。

表 7 - 1　常用协议定义列表

协议	值	含义
IPPROTO_IP	0	IP 协议
IPPROTO_ICMP	1	ICMP 协议
IPPROTO_IGMP	2	IGMP 协议
BTHPROTO_BFCOMN	3	蓝牙通信协议
IPPROTO_IPV4	4	IPv4 协议
IPPROTO_TCP	6	TCP 协议
IPPROTO_UDP	17	UDP 协议
IPPROTO_IPV6	41	IPv6 协议
IPPROTO_ICMPV6	58	ICMPv6 协议
IPPROTO_RAW	255	原始 IP 包

7.3.2　使用原始套接字接收数据

通常,使用原始套接字接收数据可以通过调用 recvfrom( )实现。我们在处理这种套接字接收时关心两个问题:接收数据的内容和接收数据的类型。

(1) 接收数据的内容

从接收数据的内容来看,不论套接字如何设置发送选项,对于 IPv4 来说,原始套接字接收到的数据都是包括 IP 首部在内的完整数据包;对于 IPv6 来说,原始套接字接收到的都是去掉了 IPv6 首部和所有扩展首部的净载荷。

(2) 接收数据的类型

从接收数据的类型来看,数据从协议栈提交到使用套接字的应用程序涉及两层数据的提交,如图 7-2 所示。

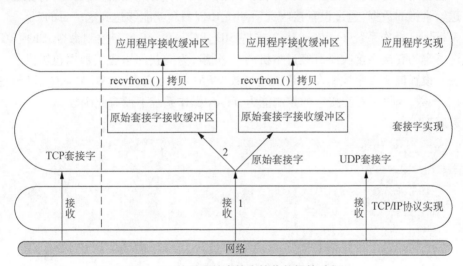

图 7-2　使用原始套接字接收数据的过程

第一个层次:参考图 7-2 中的步骤 1,在接收到一个数据包之后,协议栈把满足以下条件的 IP 数据包传递到套接字实现的原始套接字部分:

① 非 UDP 分组或 TCP 分组;

② 部分 ICMP;

③ 所有 IGMP 分组;

④ 不认识其协议栈字段的所有 IP 数据包;

⑤ 重组后的分片数据。

第二个层次:参考图 7-2 中的步骤 2,当协议栈有一个需传递到原始套接字的 IP 数据包时,它将检查所有进程的所有打开的原始套接字,寻找满足接收条件的套接字,如果满足以下条件,每个匹配的套接字的接收缓冲区中都将接收到数据包的一份拷贝:

① 匹配的协议:对应于 socket( )函数,如果在创建原始套接字时指定了非 0 的协议参数,那么接收到的数据包 IP 首部中的协议字段必须与指定的协议参数相匹配;

② 匹配的目的地址:对应于 bind( )函数,如果通过 bind( )函数将原始套接字绑定到某个固定的本地 IP 地址,那么接收到的数据包的目的地址必须与绑定的地址相符合,如果没

有将原始套接字绑定到本地的某个 IP 地址,那么不考虑数据包的目的 IP,将符合其他条件的所有 IP 数据包都复制到该套接字的接收缓冲区中;

③ 匹配的源地址:对应于 connect( )函数,如果通过调用 connect( )函数为原始套接字指定了外部地址,那么接收到的数据包的源 IP 地址必须与上述已连接的外部 IP 地址相匹配,如果没有为该原始套接字指定外部地址,那么所有来源的、满足其他条件的 IP 数据包将被复制到套接字的接收缓冲区中。

正确理解原始套接字能够接收到的数据内容和数据类型是很重要的。从以上分析来看,默认情况下,协议栈并不会把所有网卡收到的数据包都复制到原始套接字上,那么进一步思考一个问题:既然原始套接字能够接收到的数据包是有限制的,那么如何在第一个层次上扩展原始套接字被复制的数据类型呢?

在一些应用中,我们希望能够接收到所有发给网卡的数据,甚至接收到所有流经网卡但并非发送给本机的数据,通过设置接收选项 SIO_RCVALL 就能够达到这一目的。

在 Windows 操作系统下,Winsock 2 支持 SIO_RCVALL 套接字控制命令,SIO_RCVALL 命令允许指定的套接字接收所有经过本机的 IP 分组,为捕获网络底层数据包提供了一种有效的方法。设置该套接字控制命令是通过函数 WSAIoctl( )实现的,WSAIoctl( )函数是一个 Winsock 2 函数,提供了对套接字的控制能力,Linux 操作系统下没有此函数。

函数原型

```
int WSAIoctl(
_in   SOCKET s;
    _in   DWORD dwIoControlCode,
    _in   LPVOID lpvInBuffer,
    _in   DWORD cbInBuffer,
    _in   LPVOID lpvOutBuffer,
    _in   DWORD cbOutBuffer,
    _in   LPDWORD lpcbBytesReturned,
    _in   LPWSAOVERLAPPED lpOverlapped,
    _in   LPWSAOVERLAPPED_COMPLETION_ROUTINE lpCompletionRoutine
);
```

参数说明

● s:一个套接字的句柄;

● dwIoControlCode:描述将要进行的操作的控制代码,在设置接收全部选项时使用 SIO_RCVALL;

● lpvInBuffer:指向输入缓冲区的地址;

● cbInBuffer:描述输入缓冲区的大小;

● lpvOutBuffer:指向输出缓冲区的地址;

● cbOutBuffer:描述输出缓冲区的大小;

● lpcbBytesReturned:是一个输出参数,返回输出实际字节数的地址;

● lpOverlapped:指向 WSAOVERLAPPED 结构的地址;

● lpCompletionRoutine：指向操作结束后调用的例程指针。

当设置网卡全部接收选项时，传递给函数 WSAIoctl( ) 的套接字的地址族是 AF_INET，协议类型是 IPPROTO_IP，此外该套接字需要跟一个明确的本地接口进行绑定。具体步骤为：

① 创建原始套接字，由于 IPv6 尚未实现 SIO_RCVALL，因而套接字地址族必须是 AF_INET，协议必须是 IPPROTO_IP；

② 将套接字绑定到指定的本地接口；

③ 调用 WSAIoctl( ) 为套接字设置 SIO_RCVALL I/O 控制命令（Linux 操作系统不需要此步骤）；

④ 调用接收函数，捕获 IP 数据包。

因使用原始套接字接收数据是在无连接的方式下进行的，原始套接字很可能接收到很多非预期的数据包，比如设计一个 ping 程序来发送 ICMP ECHO 请求，并接收响应，在等待 ICMP 响应时，其他类型的 ICMP 消息也可能到达该套接字，此时应用程序应具备一定的数据过滤能力，从数据来源、数据包协议类型等方面对接收到的数据进行判断，保留匹配的数据包。

7.3.3　使用原始套接字发送数据

原始套接字发送数据是以无连接的方式完成的，创建好原始套接字后可以直接将构造好的数据发送出去，但是由于原始套接字工作的层次比 UDP 套接字更低，在发送目标和发送内容方面有一些区别。

（1）发送数据的目标

从发送数据的目标来看，原始套接字不存在端口号的概念，对目的地址描述时，端口是忽略的，但是仍然可以在连接模式和非连接模式两种方式下为该套接字关联远端地址。

① 非连接模式

在非连接模式下，应用程序在每次数据发送前指定目的 IP，然后调用 sendto( ) 函数将数据发送出去，并在数据接收时调用 recvfrom( ) 函数，从函数返回参数中读取接收的数据包的来源地址。这种模式也同样适用于广播地址或多播地址的发送，此时需要通过 setsockopt( ) 函数设置选项 SO_BROADCAST 以允许广播数据的发送。

② 连接模式

在连接模式下，应用程序首先调用 connect( ) 函数指明远端地址，即确定了唯一的通信对方地址，在之后的数据发送和接收过程中，不用每次重复指明远程地址就可以发送和接收报文，此时，send( ) 函数和 sendto( ) 函数可以通用，recv( ) 函数和 recvfrom( ) 函数也可以通用。

（2）发送数据的内容

从发送数据的内容来看，原始套接字的发送内容涉及多种协议首部的构造，对于 IPv4（或 IPv6）数据的发送，IP 首部控制选项为协议首部的填充提供了两个层次的选择：如果是 IPv4，选项为 IP_HDRINCL，选项级别为 IPPROTO_IP；如果是 IPv6，选项为 IPV6_HDRINCL，选项级别为 IPPROTO_IPV6。以 IPv4 数据的发送为例，图 7 - 3 展示了选项开启和不开启时发送内容覆盖的范围。

图 7-3 原始套接字构造数据的两个层次

① IP 首部控制选项未开启

如果在原始套接字创建后默认发送的数据是 IP 数据部分,那么不需要设置 IP 首部控制选项,此时程序设计人员负责构造 IP 协议承载的协议首部和协议数据,IP 协议首部是由协议栈负责填充的。如果希望对 IP 首部的部分字段的默认值进行更改,套接字提供了一些 IPPROTO_IP 层次上的选项,允许程序员以套接字选项设置的方式进行修改,这样可以简化数据构造的复杂性。

② IP 首部控制选项开启

如果希望对 IP 首部进行个性化填充,则需要设置 IP 首部控制选项,此时包括 IP 首部在内的整个数据包都由用户来完成构造,而协议栈则极少参与数据包的形成过程。在这种情况下,用户不但可以构造知名协议的完整数据包,如 TCP、UDP 等,还可以实现自定义的协议,并最终将其封装在 IP 数据包中。此外,用户还可以更改 IP 首部的部分内容,如生成分片数据包、修改源 IP 地址等。

尽管使用了 IP 首部控制选项,但协议栈并不是完全不干涉数据包的构造过程,比如:协议栈会自己计算 IP 首部的校验和;如果用户将源 IP 地址设置为 INADDR_ANY,则协议栈将把它设置为外出接口的主 IP 地址等。

原始套接字的编程实例请参见第三部分实验举例编程中的实验七。

第 8 章　基于 Select 模型的 socket 编程

8.1　Select 模型的工作机制

Select 模型继承自 BSD Unix 的 Berkeley Sockets,因为使用 select( )函数来管理 I/O 而得名。程序通过调用 select( )函数可以获取一组指定套接字的状态,这样可以保证及时捕捉到最先得到满足的网络 I/O 事件,从而可保证对各套接字 I/O 操作的及时性。这里的 I/O 事件是指监听套接字上有用户请求到达、非监听套接字接收到数据、套接字已准备好可以发送数据等事件。

select( )函数使用套接字集合 fd_set 来管理多个套接字,因此在学习使用 select( )函数之前,需要先了解套接字集合 fd_set。

套接字结合 fd_set 是一个结构体,用于保存一系列的特定套接字,其定义如下:

```
typedef struct fd_set{
    unsigned int fd_count;
    SOCKET fd_array[FD_SETSIZE];
}fd_set;
```

其中:
- fd_count:用来保存集合中套接字的数目;
- fd_array:是套接字数组,用于存储集合中各个套接字的描述符;
- FD_SETSIZE:是一个常量,其值为 64。

为了方便编程,Winsock 提供了 4 个宏来对套接字集合进行操作。fd_set 是一组文件描述字(fd)的集合,它用一位来表示一个 fd,对于 fd_set 类型通过下面 4 个宏来操作:

- FD_ZERO(* set):初始化 set 指向的套接字集合为空集合,套接字集在使用前总是应该清空的。
- FD_CLR(s, * set):从 set 指向的套接字集合移除套接字。
- FD_ISSET(s, * set):检查套接字 s 是不是指向的套接字集合的成员,如果是则返回非 0 值,否则返回 0。
- FD_SET(s, * set):添加套接字 s 到 set 指向的套接字集合。

下面介绍 select( )函数。

函数原型

```
int select(
    int nfds,
    fd_set * readfds,
    fd_set * writefds,
    fd_set * exceptfds,
    const struct timeval * timeout
);
```

参数说明

- nfds：该参数仅仅是为了与 berkaley 套接字兼容，因此忽略；
- readfds：是一个套接字集合，select( )函数将检查该集合中套接字的可读性；
- writefds：是一个套接字集合，select( )函数将检查该集合中套接字的可写性；
- exceptfds：是一个套接字集合，select( )函数将检查该集合中的套接字是否有带外数据或出现错误；
- timeout：指定 select( )函数等待的最长时间，若为 NULL，则为无限大。

返回值

返回负值表示 select( )错误；返回正值表示 3 个集合中剩余的可读、可写或出错的套接字总个数；返回 0 则表示 timeout 指定的时间内没有可读写或出错误的套接字。

select( )函数的 3 个参数指向的套接字集合分别用于保存要检查可读性（readfds）、可写性（writefds）和是否出错（exceptfds）的套接字。当 select( )返回时，它将移除这 3 个套接字集合中所有没有发生 I/O 事件的套接字，未被移除的套接字则必定满足下列条件之一：

（1）对 readfds 中的套接字

① 对不处于监听状态的套接字，其接收缓冲区中有数据可读入；

② 套接字正处于监听 listen 状态且有连接请求到达（accept 函数将成功）；

③ 套接字已经关闭、重启或中断。

（2）对 writefds 中的套接字

① 套接字可以发送数据；

② 一个非阻塞套接字已调用 connect( )函数并且连接已顺利建立。

（3）对 exceptfds 中的套接字

① 套接字有带外数据（OOB 数据）可读；

② 一个非阻塞套接字试图建立连接（已调用 connect( )函数），但连接失败。

如果没有需要对其可读性、可写性或者是否出错进行监听的套接字，则调用 select( )函数时，相应的参数应置为空（NULL），即不指向任何套接字集合，但是，3 个参数不能同时为空，而且不空的指针指向的套接字集合中至少有一个套接字。

select( )函数在被调用执行时将会阻塞，阻塞的最长时间由参数 timeout 设定，在设定时间内该函数将阻塞等待，在等待过程中一旦 3 个集合中至少一个套接字满足了可读、可写或者出错的条件，函数将立刻返回。到了设定时间，如果 3 个集合中的所有套接字仍然不能满足可读、可写或者出错的条件，函数也将返回。

```
typedef struct timeval
{
    long tv_sec;          //指示等待多少秒
    long tv_usec;         //指示等待多少毫秒
}timeval;
```

该结构体指针指向的结构变量指定了 select( )函数等待的最长时间。如果为 NULL，select( )将会无限阻塞，直到有套接字符合不被删除的条件。如果将这个结构设置为(0,0)，select( )函数将在检查完所有集合中的套接字后立刻返回，且其返回值为 0。

select( )函数返回时,如果返回值大于 0,则说明某个或者某些套接字满足可读写或出错的条件,应用程序需要使用 FD_ISSET 宏来判断某个套接字是否存在于相应的集合中。

8.2　使用 Select 模型编程的方法

运用 select( )函数可以实现复用服务器,还可以运用到套接字中。使用 select( )函数时可以将多个套接字句柄(文件描述符)集中到一起统一监视。select( )函数的使用方法与一般的函数区别较大,比较难使用。select( )函数的使用方法如图 8 - 1 所示。

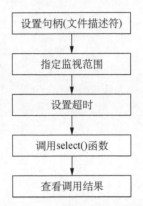

图 8 - 1　select( )函数的工作过程

根据 select( )函数的工作过程,不难得出,使用 Select 模型编写程序的基本步骤如下:

① 用 FD_ZERO 宏来初始化需要的 fd_set;

② 用 FD_SET 宏来将套接字句柄(Linux 中称为文件描述符)分配给相应的 fd_set,例如,如果要检查一个套接字是否有需要接收的数据,则可用 FD_SET 宏把该套接字的描述符加入可读性检查套接字集合中(第二个参数指向的套接字集合);

③ 调用 select( )函数,该函数将会阻塞直到满足返回条件,返回时,各集合中无网络 I/O 事件发生的套接字将被删除。例如,对可读性检查集合 readfds 中的套接字,如果 select( )函数返回时接收缓冲区中没有数据需要接收,select( )函数则会把套接字从集合中删除掉。

④ 用 FD_ISSET 对套接字句柄(Linux 中称为文件描述符)进行检查,如果被检查的套接字仍然在开始分配的那个 fd_set 里,则说明马上可以对该套接字进行相应的 I/O 操作。例如,一个分配给可读性检查套接字集合 readfds 的套接字,在 select( )函数返回后仍然在该集合中,则说明该套接字已有数据到来,马上调用 recv( )函数即可以读取成功。

事实上,实际的应用程序通常不会只有一次网络 I/O,因此不会只有一次 select( )函数调用,而应该是上述过程的一个循环。

具体 Select 模型的编程实例请见第三部分实验举例编程中的实验五:基于 select( )函数的并发编程。

|第二部分|

软件介绍

第9章 Visual Studio 2015 的使用

9.1 Visual Studio 2015 集成开发环境组成

Visual Studio 是微软官方推出的基于组件的软件开发工具,可创建强大的应用程序和游戏。2014 年 11 月 13 日,微软发布了 Visual Studio 2015(以下均使用简写 VS 2015)版本并开放下载,它可帮助开发人员打造跨操作系统的应用程序,从 Windows 到 Linux,甚至 iOS 和 Android。

图 9-1 示意了 VS 2015 的主要组成部分。

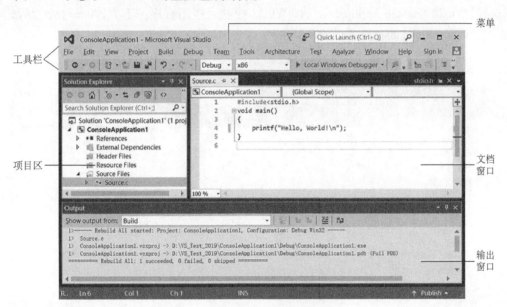

图 9-1 VS 2015 基本组成部分

9.2 用向导创建 Windows 控制台(Console)应用程序

Windows 控制台(Console)应用程序是一种字符界面的应用程序,它有一个类似于 DOS 应用程序的窗口,称为控制台窗口(Console)。控制台应用程序也被称作为命令行程序。与平时常用的图形窗口的应用程序不同的是,控制台应用程序只能提供字符输出,没有方便、直观、华丽的用户界面,但其他方面没有本质的不同。因为控制台应用程序简单,容易入手,本课程中的实验主要用此类应用程序来完成,在熟练掌握了控制台应用程序开发后,只要熟悉 Windows 界面开发的基本知识,就可轻松进行 Windows GUI 应用程序的开发。

控制台应用程序项目按如下步骤创建:

第 1 步:启动新建项目

如图 9-2 所示,选择【File】菜单下【New】→【Project】命令,或者使用快捷键"Ctrl+Shitf+

N",启动一个如图 9 - 3 所示的【New Project】新建项目窗口。

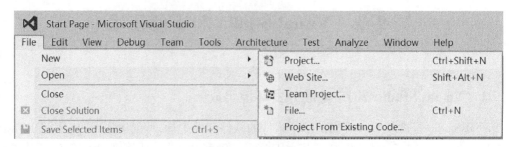

图 9 - 2　启动新建项目

第 2 步：创建控制台项目

在左侧已安装的模板下,找到【Visual C++】下的【Win32】子项,在右侧的两个可选类型中,选择【Win32 Console Application】,即 Win32 控制台应用程序。下方【Name】处为所建项目命名,在【Location】处选择项目的存储路径,点击【OK】。

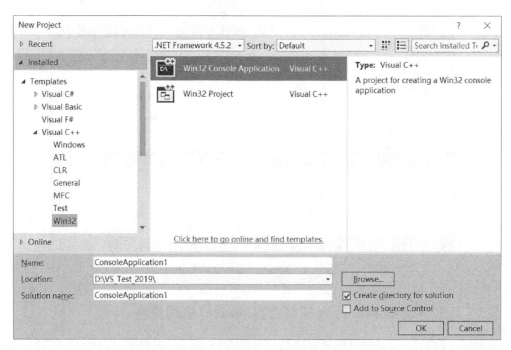

图 9 - 3　创建控制台应用程序

第 3 步：使用应用程序向导

如图 9 - 4,在【Win32 Application Wizard】应用程序向导页中,单击下一步按键【Next】。

第 4 步：应用程序设置

如图 9 - 5 所示,在【Application Settings】应用程序设置中,勾选附加选项【Additional options】下的空项目【Empty project】复选框,取消选择安全开发生命周期检查【Security Development Lifecycle（SDL）checks】选项,单击【Finish】按钮。

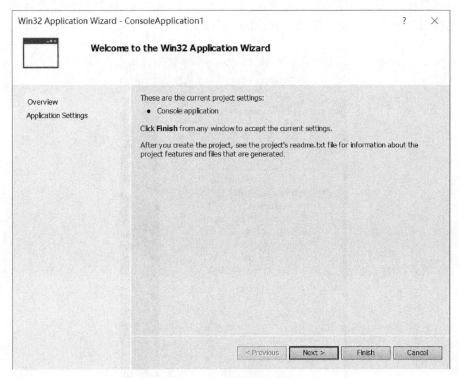

图 9-4　应用程序向导页

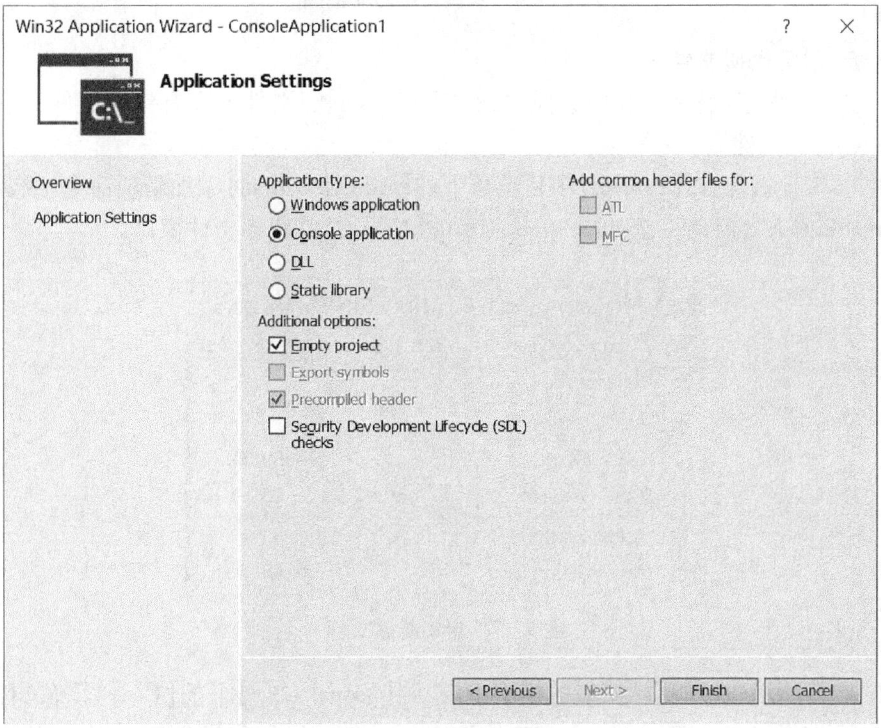

图 9-5　应用程序设置

等待数秒钟后,项目建立完成,如图 9-6 所示。其中【Solution Explorer】为解决方案资源管理器视图。该视图用于管理、组织项目中的代码文件。

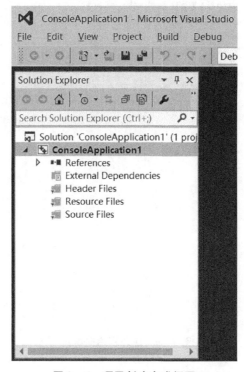

图 9-6 项目创建完成视图

第 5 步:创建代码文件

由于在应用程序设置中,我们选择的是空项目,因此源文件下没有任何文件。下面创建一个新的 C 代码文件。

如图 9-7 所示,选择【Project】项目菜单下的【Add New Item】添加新项命令,或者使用快捷键"Ctrl+Shift+A",启动一个如图 9-8 所示的【New File】新建文件窗口。

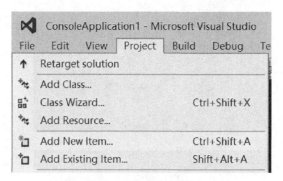

图 9-7 启动新建文件

如图 9-8 所示,在左侧已安装的模板中,找到【Visual C++】下的【Code】项,在右侧可选文件类型中,选择【C++File(.cpp)】。在下方【Name】处为所建项目命名,由于 C 源代码文件

使用的是 .c 扩展名,因此在输入名称时需要显式地加上 .c 后缀,否则将会创建一个按C++规则编译源代码的 .cpp 文件,而两者的语法是存在差异的。在【Location】处选择项目的存储路径,点击【Add】。

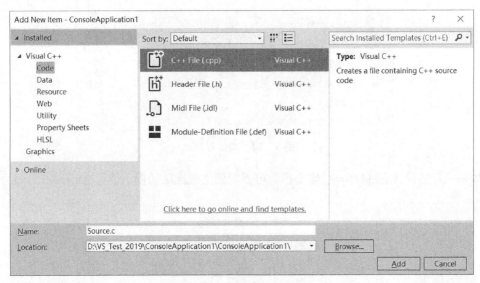

图 9-8　创建 C 代码文件

第 6 步:编辑代码文件

在打开的源文件中,逐行进行代码编写。我们以最著名的"Hello, World!"为例,展示如图 9-9 所示。

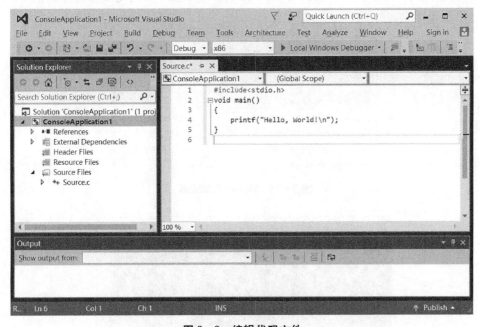

图 9-9　编辑代码文件

第 7 步：编译、链接（Build）

如图 9 - 10 所示，选择【Build】编译菜单下的【Build Solution】命令，或者使用快捷键"Ctrl +Shift+B"，生成解决方案。

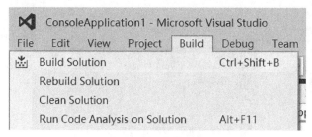

图 9 - 10   编译程序

如果没有错误，则在【Output】输出窗口可查看到生成成功的提示信息，如图 9 - 11 所示。

图 9 - 11   输出窗口显示信息

第 8 步：调试（Debug）

生成完成后，点击【Debug】调试菜单下的【Start Without Debugging】命令，即"开始执行不调试"。当出现类似图 9 - 13 的窗口时，表示控制台应用程序创建完成并运行成功。

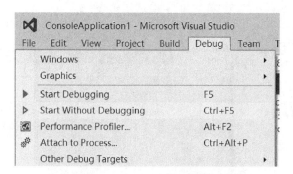

图 9 - 12   Debug 调试菜单

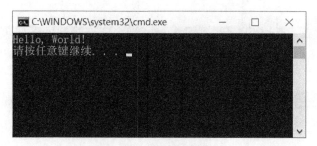

图 9 - 13   程序运行窗口

9.3　用向导创建 Windows GUI 应用程序

第 1 步:启动新建项目

参见控制台应用项目创建。

第 2 步:创建工程

参见控制台应用项目创建,不同的是项目类型选择为【Win32 Project】,如图 9 - 14。

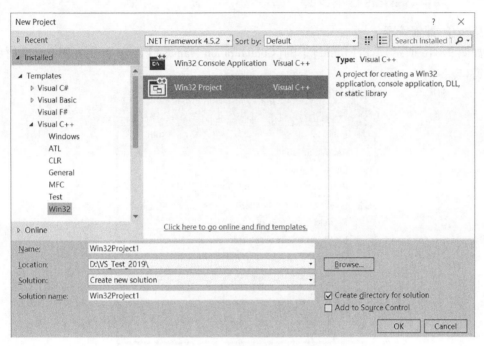

图 9 - 14　创建 Win32 工程

第 3 步:应用程序设置

如图 9 - 15 所示,应用类型选择第一项【Windows application】。

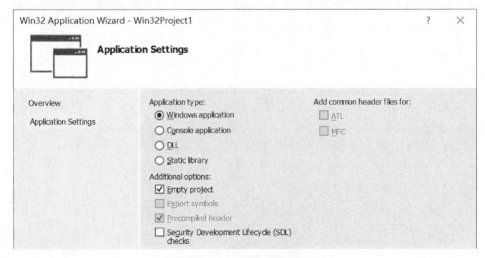

图 9 - 15　应用程序设置

第 **4** 步:创建代码文件

第 **5** 步:编辑代码文件

第 **6** 步:编译(Build)

第 **7** 步:调试(Debug)

第4~7步参见9.2节控制台应用项目的第5~8步。

9.4　编译、链接的基本步骤

第 **1** 步:配置管理

如图9-16所示,单击【Build】下的【Configuration Manager】菜单,弹出如图9-17所示的配置窗口。

图 **9 - 16**　配置管理菜单

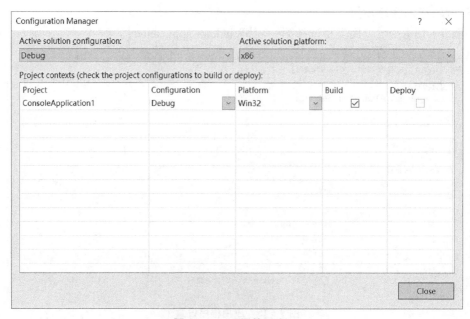

图 **9 - 17**　配置管理窗口

第 2 步:选择编译配置

配置主要是一组编译和调试参数的集合。在创建项目时,一般默认已创建了两个配置:Debug 和 Release。Debug 配置适合调试过程,因为配置中命令编译链接器在生成的代码中加入了调试信息,方便进行程序的调试;而在 Release 配置中,这些用于调试的信息被自动去除,减少了代码大小,提高了效率,是程序完成调试后生成正式的发布代码。

一个项目可以有多个配置,选择不同的配置,生成的可执行程序将有所不同,编译和调试前,用户可以通过如图 9 - 18 所示的下拉框进行选择。同样,用户也可以增加和删除配置。在本课程实验中,只需要使用默认创建的 Debug 配置。

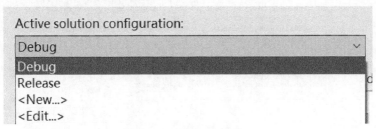

图 9 - 18　配置选项

第 3 步:修改编译配置

如图 9 - 19 所示,点击【Project】下的【ConsoleApplication1 Properties...】菜单,弹出如图 9 - 20 所示的参数设置窗口,所有的修改将保存在当前的配置中。

图 9 - 19　项目属性菜单

不同的属性作用不同,部分说明如下:

● Gerneral:如图 9 - 20 所示,修改是否使用 MFC,以及编译、链接过程使用的目录等;

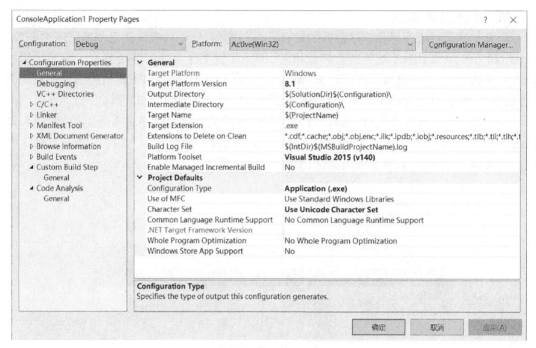

图 9 - 20　General 属性页

● Debugging：如图 9 - 21 所示，修改要调试的可执行程序的路径，执行参数及工作目录等；

● C/C++：如图 9 - 22 所示，修改 C/C++编译器的编译选项，详细内容参见 MSDN 有关编译选项的资料，本课程实验一般使用默认值；

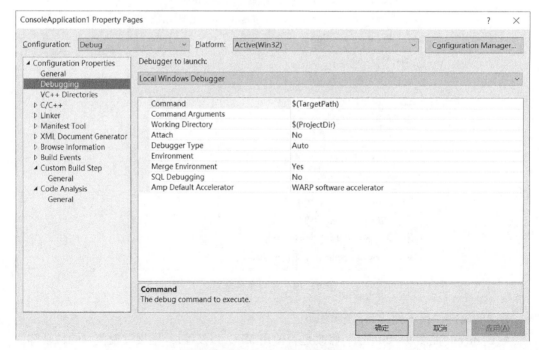

图 9 - 21　Debugging 属性页

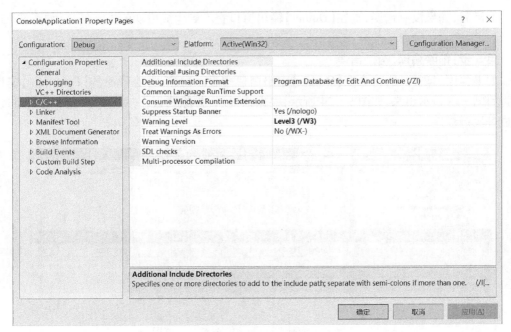

图 9 - 22　C/C++属性页

● Linker:修改 C/C++链接器的链接选项,详细内容参见 MSDN 有关链接选项的资料,本课程实验一般使用默认值;

● Browse Information:控制是否生成"browser info file",有了此文件,可以方便地查找函数、变量的定义、引用声明的位置。

● Custom Build Step:本课程实验不涉及。

第 4 步:编译、链接输出信息

修改好相关配置后,单击【Build】下的【Build Solution】项启动编译,如图 9 - 23。如果之前已经编译过一次,那么选择该项表示在上次 build 的基础上继续进行,可以节省 build 的时间。如果选择【Rebuild Solution】项,则是从头开始完整地编译。

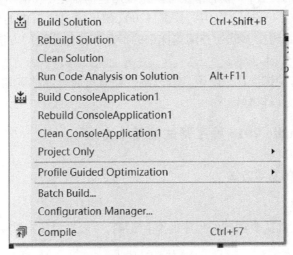

图 9 - 23　编译项

编译后,如果没有错误,则在【Output】输出窗口查看到生成成功的提示信息,如图 9 - 11 所示。

第 5 步:排除编译、链接错误

如果程序出现问题,将会在【Output】输出窗口中显示出来,并在弹出的【Error List】窗口中将问题一一显示出来,如图 9 - 24 所示,根据该提示,排除错误。然后重新编译直至通过,生成可执行程序。

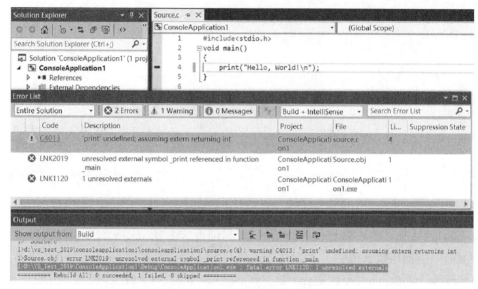

图 9 - 24　编译错误信息输出

9.5　编译错误的处理

VS 2015 的编译器可以比较好地判断错误的原因和位置。鼠标点击【Error List】窗口中的某条错误信息时,在程序窗口对应错误语句前方会有绿色标识。仔细阅读编译、链接器输出的错误信息和指示的位置,一般的错误可以比较迅速的确定。如图 9 - 24 所示,编译和链接错误均有对应编码(C4013,LNK2019,LNK1120),如果输出窗口中的信息还不明确,可以根据编译和链接错误编码在 MSDN 查阅更详细的信息和排除错误的方法。编译错误的编码以 C 开头,链接错误码以 L 开头。

需要注意的是,有的错误比较隐蔽,编译、链接器有可能不能准确地判定位置,需要程序员仔细搜寻相关的部分以排除错误。

9.6　Visual Studio 2015 程序调试的基本方法

9.6.1　程序调试的基本方法

第 1 步:确认路径

如图 9 - 21 所示,确认要调试的程序的路径正确,一般来说保持默认的路径即可。

第 2 步:加断点

可以在启动调试之前或调试执行中加入断点,加断点的方法有两种:

第 1 种:打开源程序文件,将光标移动到要加入断点的代码行,按"F9"键,此代码行的左侧出现红色断点标记。已经加入断点的代码行,要去除断点,方法如下:将光标移动到要删除断点的代码行,按"F9"键,此代码行的红色断点标记将被去除。

第 2 种:打开源程序文件,在源程序需要加入断点的语句的行号前方灰色位置单击鼠标左键,即可加入红色的断点标记。

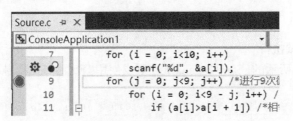

图 9 - 25　断点标识

如图 9 - 25 所示,在断点标记右上方有两个小图标,左侧齿轮形状图标用于断点设置,单击后出现如图9 - 26 所示的选项。勾选【Conditions】选项,可以加入执行条件,如图 9 - 27 所示;勾选【Actions】选项,可以设置断点执行结果输出内容,如图 9 - 28 所示。

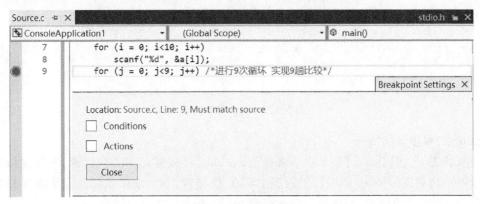

图 9 - 26　断点设置

图 9 - 27　断点条件设置

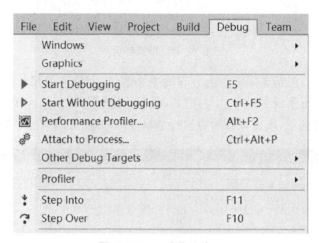

Location: Source.c, Line: 9, Must match source

☐ Conditions

☑ Actions

    Log a message to Output Window: *e.g. $Function: The value of x.y is {x.y}*

    ☑ Continue execution

Close

图 9 - 28　断点执行结果输出设置

第 3 步：启动调试执行

点击如图 9 - 29 所示的【Start Debugging】项或使用"F5"快捷键，启动程序执行。

| File | Edit | View | Project | Build | **Debug** | Team |

    Windows   ▸

    Graphics   ▸

▶ Start Debugging   F5

▶ Start Without Debugging   Ctrl+F5

  Performance Profiler...   Alt+F2

  Attach to Process...   Ctrl+Alt+P

  Other Debug Targets   ▸

  Profiler   ▸

  Step Into   F11

  Step Over   F10

图 9 - 29　调试菜单选项

第 4 步：单步调试执行

中断状态下，在【Debug】菜单栏下选择【Step Into】项或使用 F11 快捷键，单步执行进入子函数中。如果选择【Step Over】项或使用"F10"快捷键，则为单步执行。如果需要全速调试执行，可按"F5"快捷键，程序将一直运行到下一个断点处或执行结束。

9.6.2　程序基本调试方法一：断点

加入断点，单步调试执行是调试程序的最基本手段。在断点处，程序停止执行，调试人员通过查看变量、内存，调用栈及调试打印输出等方法查看当前运行状态，分析程序执行的情况，判断程序是否按照预期执行，若出现问题则找出问题的原因，如图 9 - 30 所示。

断点的增加和删除方法在前面已经描述，在此不赘述。

常规状态下和断点调试时，Debug 的窗口选择菜单不同，分别如图 9 - 31、图 9 - 32 所示。可以根据需要打开对应窗口。

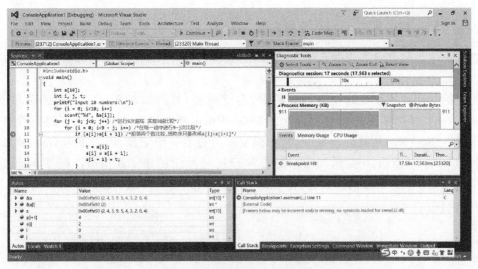

图 9－30　使用断点调试程序

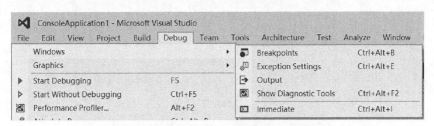

图 9－31　无断点时 Debug 的窗口选择菜单

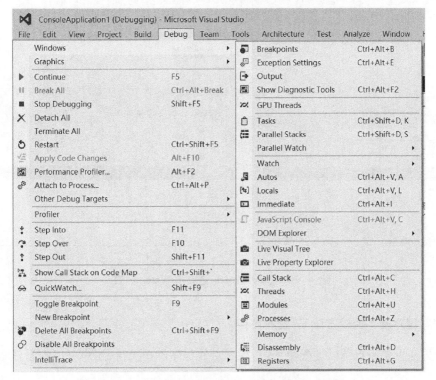

图 9－32　断点调试时,Debug 的窗口选择菜单

9.6.3 程序基本调试方法二:查看变量

这种方法是断点调试的配合手段,在断点处程序停止执行,用户可以查看定义的变量的值。

将光标移动到要查看的变量标识符上,右键单击,弹出如图 9-33 所示的菜单,单击【QuickWatch】,弹出如图 9-34(a)所示的 QuickWatch 窗口,在窗口中显示了要查看的变量的当前值。QuickWatch 只能查看一次,如果要一直查看一个变量,可以单击 QuickWatch 窗口的【Add Watch】按钮,将变量加入到如图 9-34(b)所示的 Watch 窗口。在 Watch 窗口中可以加入多个和删除观察的变量,具体的操作方法,可以在实验课中自行摸索实践。

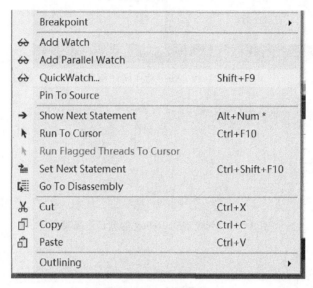

图 9-33 右键菜单

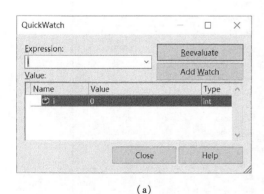
(a)

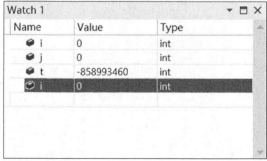
(b)

图 9-34 QuickWatch 窗口和 Watch 窗口

9.6.4 程序基本调试方法三:查看内存

这种方法也是断点调试的配合手段,在断点处程序停止执行,用户可以查看任意地址处的内存的当前值。

点击菜单【Debug】→【Windows】→【Memory】项,打开窗口,如图 9 – 35 所示。在窗口上方的 Address 输入框中输入要查看的内存地址,按"Enter"键,即可显示指定起始地址的内存区域的内容。内存的地址也可以是一个指针变量或数组标识符等。

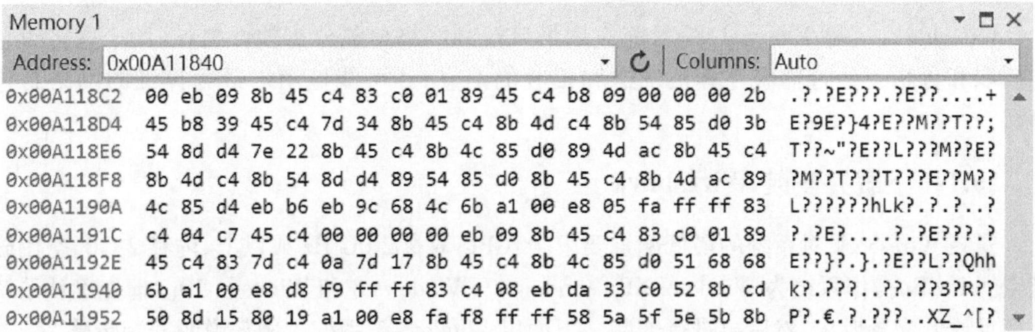

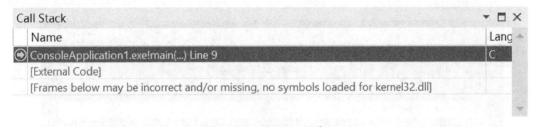

图 9 – 35　Memory 窗口

9.6.5　程序基本调试方法四:查看调用栈

这种方法也是断点调试的配合手段,在断点处程序停止执行,用户可以查看当前函数的调用关系。

查看方法:调用栈窗口如果没有打开,点击菜单【Debug】→【Windows】→【Call Stack】项,打开窗口,如图 9 – 36 所示。在断点处或单步执行中,窗口动态更新当前的调用栈的函数调用关系。

图 9 – 36　Call Stack 窗口

9.6.6　程序基本调试方法五:输出、打印

9.6.2~9.6.5 节所述的调试方法都是基于单步调试。通过在程序中适当的位置加入一些输出打印语句,将程序的中间执行状态打印到屏幕或输出到文件等,分析这些输出结果信息,判断程序是否功能正确,如果不正确,根据输出的信息,结合源程序分析错误结果。这种方法虽然简单,但对于很多情况十分有效。在控制台应用程序中,最简单的方法是调用 C 语言提供的 printf( )函数。

第 10 章　Wireshark 安装与使用

Wireshark(前称 Ethereal)是目前应用最广泛的网络封包分析软件之一,用于网络封包的抓取和分析。通过捕获计算机发送和接收的消息,尽可能显示出最为详细的网络封包资料。

10.1　下载并安装 Wireshark

安装 Wireshark 对系统的最低配置要求为:CPU 双核 2.0G Hz 或以上,内存 2 GB,空闲磁盘空间 2 GB,操作系统为 Windows XP、Windows 7、Windows 8 和 Windows 10。请先确认系统能满足最低配置要求,然后再进行安装。下面以 Windows 7 系统为例来说明安装步骤。

第 1 步:下载安装包

在 Wireshark 官方网站(https:// www. wireshark. org)上下载最新版本的安装包,注意 Windows 系统中软件有 32bit 和 64bit 两个版本,根据计算机操作系统位数(右击"我的电脑",点击"属性",打开有关计算机的基本信息的页面,即可查看到系统类型)下载相应版本软件,如图 10-1 所示,这里选择的是 64bit 版本软件,本书完成时最新的版本号为 Wireshark-win64-2.6.5。

图 10-1　Wireshark 官方网站

第 2 步:执行安装向导

下载完成后,双击安装程序 Wireshark-win64-2.6.5.exe,执行安装向导,如图 10-2 所示。

图 10－2　Wireshark 安装程序

第 3 步：进入欢迎界面

在欢迎界面单击"Next"按钮，如图 10－3 所示。

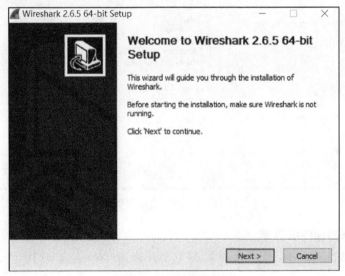

图 10－3　欢迎界面

第 4 步：阅读协议

跳至下一界面，仔细阅读协议，然后点击该界面的"I Agree"按钮，如图 10－4 所示。

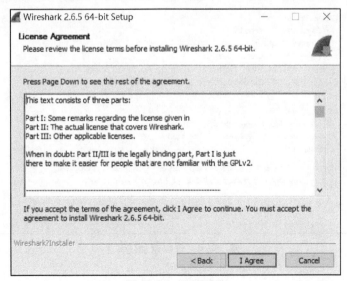

图 10－4　许可协议

第 5 步：安装组件界面

跳至选择安装组件界面，若无特别需求，就用默认项，直接点击"Next"，如图 10‐5 所示。

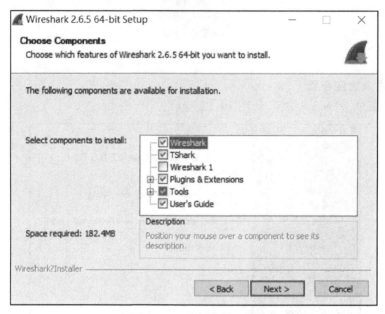

图 10‐5　选择安装组件

第 6 步：选择附加任务界面

进入选择附加任务界面，依旧选择默认项，然后点击"Next"，如图 10‐6 所示。

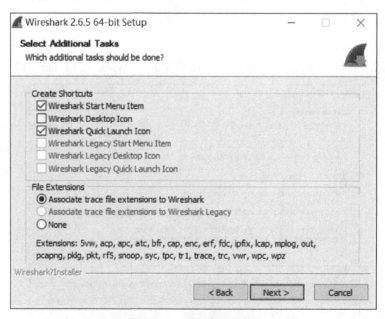

图 10‐6　选择附加任务

第 7 步:选择安装目录

默认将软件安装在 C 盘,可根据需要选择合适的安装目录,这里直接采用默认路径,然后点击"Next",如图 10-7 所示。

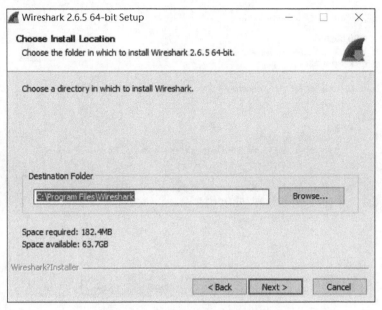

图 10-7 选择 Wireshark 安装目录

第 8 步:安装 WinPcap

在 Windows 系统中,Wireshark 软件捕获数据依赖于 WinPcap 报文捕获库(Linux 操作系统下是 libpcap),若目前操作系统中还未安装,则在勾选"Install WinPcap 4.1.3",然后点击"Next",如图 10-8 所示。

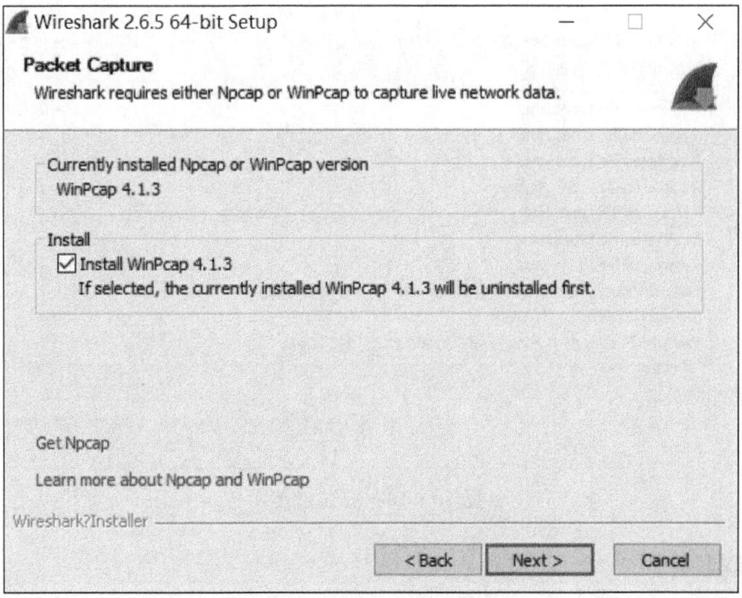

图 10-8 选择需要安装的其他程序

第 9 步: Wireshark 选项

选择是否通过 Wireshark 捕获 USB 设备发来的数据,这里忽略,直接点击"Install"按钮安装 Wireshark,如图 10 - 9 所示。

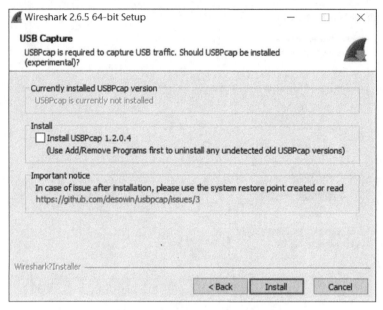

图 10 - 9 捕获 USB 设备数据

第 10 步: Wireshark 软件开始安装(图 10 - 10)

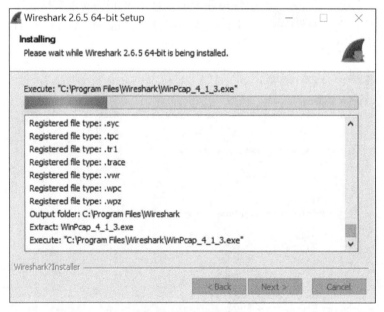

图 10 - 10 安装进度

第 11 步: 欢迎界面

在 Wireshark 安装过程中会弹出 WinPcap 的欢迎界面,点击"Next"按钮安装 WinPcap,

如图 10 - 11 所示,此时 Wireshark 安装界面进度条暂停。

图 10 - 11　安装 WinPcap

第 12 步:阅读许可协议

阅读 WinPcap 许可协议,点击【I Agree】按钮,同意安装 WinPcap,如图 10 - 12 所示。

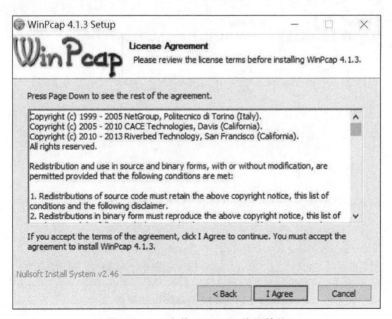

图 10 - 12　安装 WinPcap 许可协议

第 13 步:安装 WinPcap

点击【Install】按钮,开始安装 WinPcap,如图 10 - 13 所示。

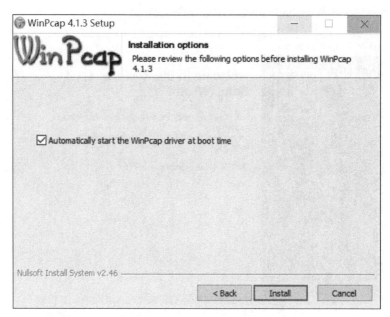

图 10 - 13　安装 WinPcap

第 14 步：WinPcap 安装完成

WinPcap 安装完成后，点击"Next"按钮，如图 10 - 14 所示。

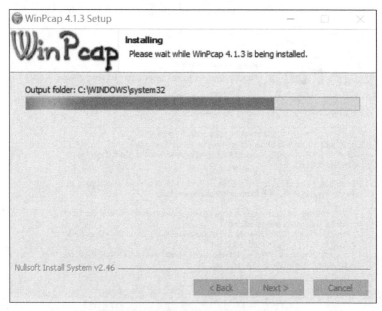

图 10 - 14　安装 WinPcap 进度条

第 15 步：Wireshark 软件继续安装

WinPcap 安装完成后，Wireshark 软件继续安装，安装完成后，点击【Next】按钮，如图 10 - 15 所示。

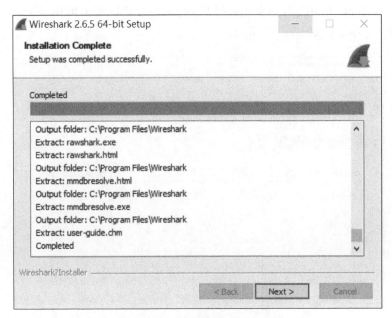

图 10 - 15　继续安装 Wireshark

第 16 步：Wireshark **安装完成**

　　若想直接运行软件，则勾选【Run Wireshark 2.6.5 64-bit】，然后点击【Finish】按钮，立刻运行 Wireshark；也可直接点击【Finish】按钮，完成安装，如图 10 - 16 所示。

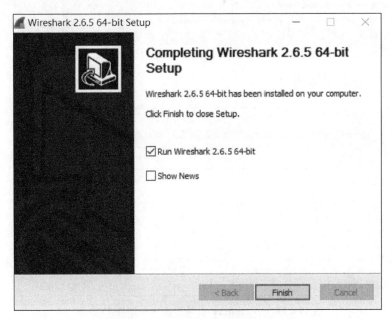

图 10 - 16　Wireshark **安装成功**

10.2　Wireshark 软件界面介绍

　　运行 Wireshark 软件，会看到如图 10 - 17 所示的用户图形界面（不同版本的 Wireshark

软件界面会稍有不同,但功能不会有实质性区别,不会导致理解上的困难),Wireshark 2.6.5 64-bit 版本的引导界面如图 10-17 所示。

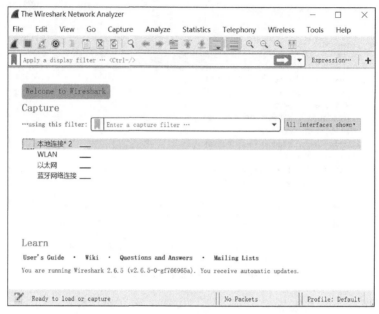

图 10-17 Wireshark 引导界面——未连因特网

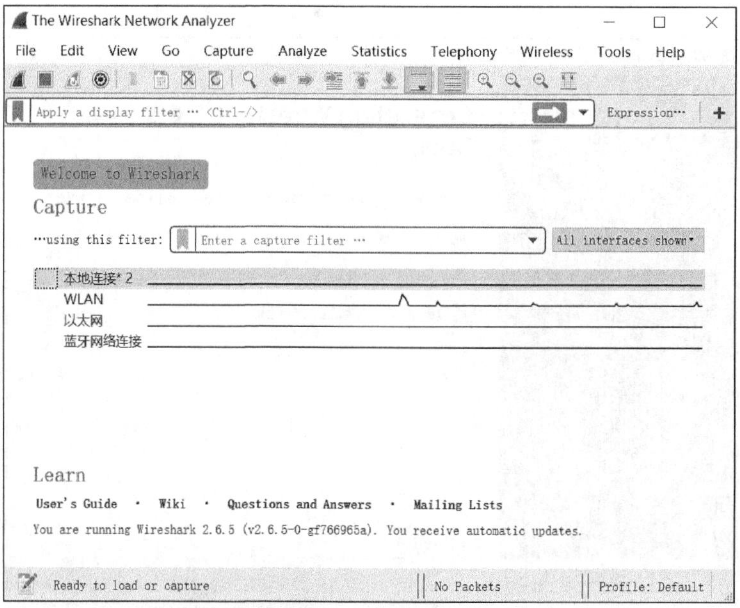

图 10-18 Wireshark 引导界面——连接 WLAN

该界面中心区域显示了计算机所有的网络接口,包括本地连接、WLAN、以太网及蓝牙网络连接。图 10-17 是计算机未与因特网或蓝牙连接时的情况,此时所有网络接口均没有数据传输,故没有捕获到任何数据。在图 10-18 中,计算机连接了 WLAN,应用程序与因特网中其他程序进行数据交互,故 WLAN 接口捕获到了数据,此时横线中有了起伏。双击 WLAN,即可清楚地看到捕获到的数据的详细信息,如图 10‐19 所示。

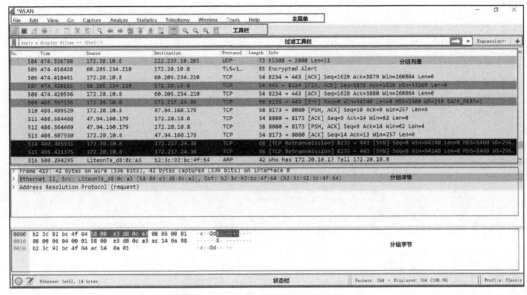

图 10‐19　Wireshark 主窗口界面

Wireshark 界面主要由 7 个部分组成:

① 主菜单(Main Menus),位于 Wireshark 窗口顶部,提供菜单的基本界面。其中 File 菜单允许保存当前捕获的分组数据或者载入之前捕获的分组数据,注意必须结束捕获后才能进行保存;View 菜单允许显示或隐藏主窗口中工具栏、包列表等模块,并且允许调整包列表、包详情等窗口中字体大小;Capture 菜单允许选择要捕获的网络接口、编辑捕获过滤设置及控制捕获的开始或停止。

② 工具栏(Toolbar),位于主菜单下方,提供常用工具入口的快捷按钮,如立即开始捕获、停止当前捕获及保存、关闭当前文件等。

③ 过滤工具栏(Fiter Toolbar),允许输入协议名称或其他信息来编辑过滤器,过滤包列表中显示的信息。

④ 分组列表(Packet List),显示当前捕获的所有分组。每一行显示一个分组,包括分组编号、捕获时间、分组源地址和目的地址、分组长度及采用的协议等信息,点击某一行即可在分组详情模块中查看此分组首部的详细信息。

⑤ 分组详情(Packet Details),显示分组列表中被选中的分组的详情列表,包括此分组各层采用的协议及协议字段的具体内容,可通过点击"＞"符号展开查看。

⑥ 分组字节(Packet Bytes),以 ASCII 和十六进制格式显示当前捕获的帧的全部内容。

⑦ 状态栏(Status Bar),显示已选择的协议及当前捕获的分组数量等信息。

10.3　Wireshark 测试

在这一节,我们使用 Wireshark 捕获 ping 命令的数据包。

运行 Wireshark 软件,打开软件引导页,因为计算机连接 WLAN,故双击 WLAN 网络接口,如图 10-20 所示,Wireshark 软件开始捕获 WLAN 接口上的数据,分组列表窗口中数据滚动更新,说明 Wireshark 在不停地捕获计算机 WLAN 接口与因特网中其他程序交互的数据。

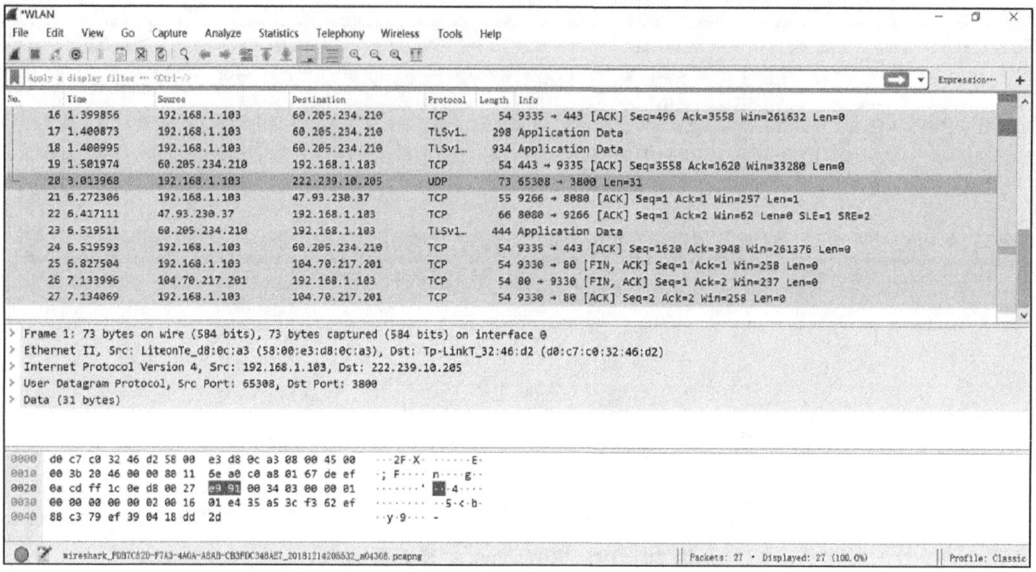

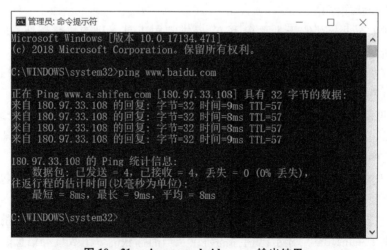

图 10-20 Wireshark 捕获 ping 命令的数据包

保持 Wireshark 运行状态,开启控制台命令窗口,在命令提示符后直接键入 ping www.baidu.com 命令,测试本地计算机与百度服务器的连通性,如图 10-21 所示,默认情况下本地主机成功收到来自百度服务器中的一台主机的 4 个回复消息,说明本地主机可以正常访问百度服务器。

图 10-21 ping www.baidu.com 输出结果

ping 命令使用的是因特网控制报文协议 ICMP。现在我们回到 Wireshark 软件界面,点击工具栏中如图 10-22 所示的方框按钮"Stop capturing packets",停止捕获数据,此时 Wireshark 界面中分组列表不再更新。因为要查看 ICMP 报文,所以在过滤工具栏中输入协议名称 ICMP,使分组列表窗口中只显示 ICMP 协议的分组,如图 10 - 22 所示。

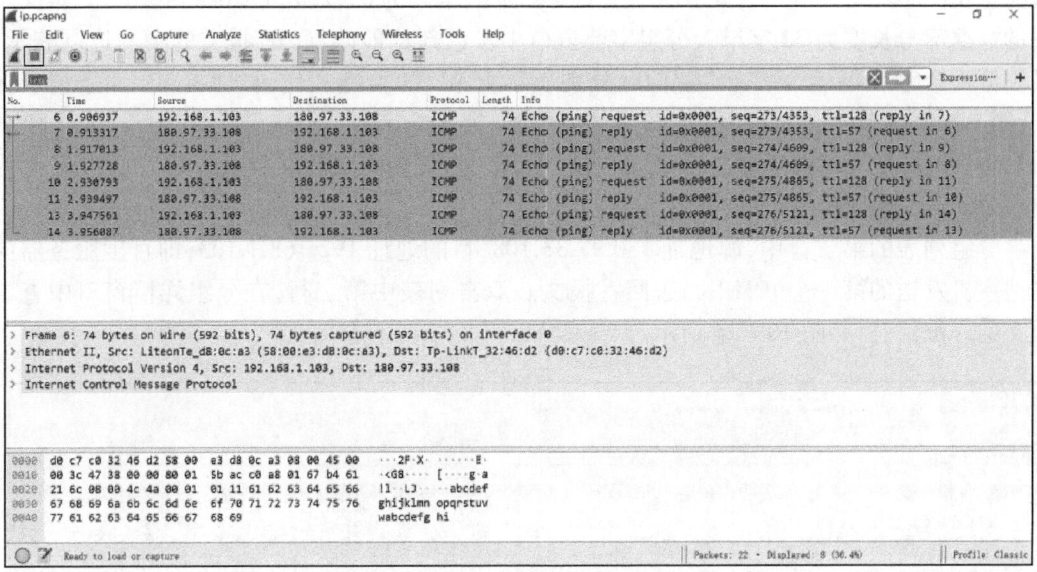

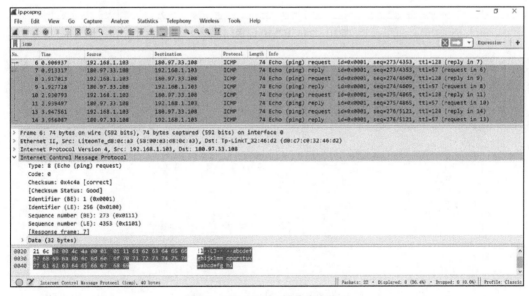

图 10 - 22 过滤出 ICMP 报文

Wireshark 捕获到 8 个 ICMP 报文,其中本地主机 192.168.1.103 向百度服务器 180.97. 33.108 发送了 4 个 ICMP 回送请求报文(Echo request),百度服务器 180.97.33.108 向本地主机 192.168.1.103 发送了 4 个 ICMP 回送回答报文(Echo reply)。观察分组列表中的第一行内容,源地址 192.168.1.103,即本地主机,目的地址 180.97.33.108,即百度服务器,所以此报文即本机向百度服务器发送的第一个 ICMP 回送请求报文,双击列表中第一行,报文的详细信息如图 10 - 23 所示。

图 10 - 23 ICMP 回送请求报文

点击分组详情中最后一行"Internet Control Message Protocol"前的">"符号,查看 ICMP 报文。从图 10 - 23 中可知,此 ICMP 报文类型为 8,编码为 0,校验和为 0x4c4a,ICMP 报文承载的数据部分长度为 32 字节。分组字节窗口中灰色部分即此 ICMP 报文的十六进制表示。其中第 1 个字节 08 和第 2 个字节 00 分别表示 ICMP 的类型和代码,即 ICMP 回送请求报文;第 3、4 个字节 4c、4a,即 ICMP 报文的校验和;第 5、6 字节 00、01 和第 7、8 字节 01、11 分别表示标识码和序列码;后面的 32 字节是我们发送的数据,可以看到其为 abcdefghijklmnopqrstuvwabcdefghi。

分组列表的第二行中,源地址 180.97.33.108,目的地址 192.168.1.103,即百度服务器向本地主机发送的第一个 ICMP 回送回答报文。双击列表中第二行,在分组详情窗口中查看报文的详细信息,如图 10 - 24 所示。

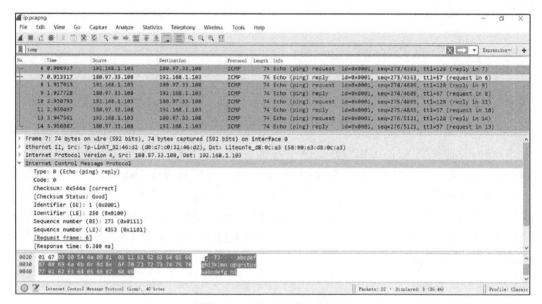

图 10 - 24　ICMP 回送回答报文

从分组详情中查看 ICMP 报文的具体内容,前两个字节 00、00 仍然是 ICMP 报文类型及代码,即 ICMP 回送回答报文。其他信息请自行查看。

第 11 章　Eclipse 的使用

11.1　Eclipse 集成开发环境组成

Eclipse 是 Linux 操作系统下常用的软件集成开发环境,它提供了一个功能强大、方便快捷的 C、C++语言应用程序的集成开发环境(IDE)。在 Linux 操作系统下,本课程以此软件作为开发环境,学习如何开发网络应用程序。本书中采用的 Eclipse 集成开发环境的版本是 4.7.3。

11.2　Eclipse 的安装步骤

以 Ubuntu16.04 操作系统为例,讲解 Eclipse 的安装步骤。

第 1 步:安装 jdk

使用快捷键"Ctrl+Alt+T"打开终端,运行以下命令,下载安装 jdk。

```
sudo add-apt-repository ppa:openjdk-r/ppa
sudo apt-get update
sudo apt-get install openjdk-8-jdk
```

第 2 步:安装 eclipse,eclipse-cdt

```
sudo apt-get install eclipse
sudo apt-get install eclipse-cdt
```

第 3 步:运行 Eclipse

安装完成后,在命令行输入 Eclipse 命令可以打开 Eclipse 主界面。

首次打开软件时,会出现如图 11 - 1 所示的选择工作空间的界面,可以使用默认路径,也可以自定义路径。

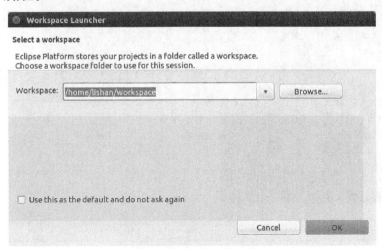

图 11 - 1　选择工作空间界面

点击【OK】按钮后进入如图 11－2 所示界面。

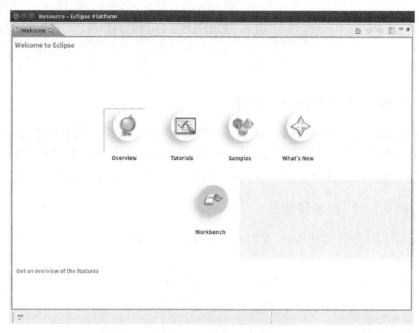

图 11－2　Eclipse 界面

第 4 步：测试 Eclipse 软件安装配置

11.3　用向导创建并编译程序

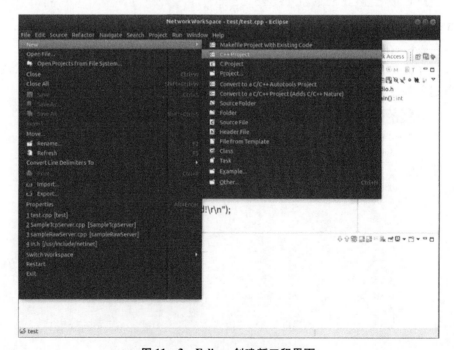

图 11－3　Eclipse 创建新工程界面

创建应用程序的步骤如下：

第 1 步：创建一个新的 C++Project

如图 11-3 所示，在 File 菜单项选择 New→C++Project，则弹出如图 11-4 所示界面。在 Project name 中键入工程名称。注意，此处勾选了 Use default location。同时选择一个空工程（Empty Project）。在编译工具链（Toolchains）窗口选择 Linux GCC。输入文件名后，则窗口最下侧的按钮变为可用。

对于简单的空工程，此处可以选择【Finish】按钮，采用默认的配置选项，此时工程构建结束。也可以点击【Next】按钮，对工程的默认配置进行修改。本处选择点击【Next】按钮，看一下后续的相关操作。

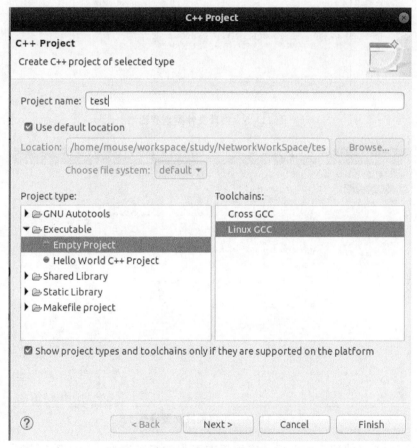

图 11-4　工程类型配置界面

第 2 步：设置编译文件类型

选择点击【Next】按钮，则显示如图 11-5 所示界面。

在默认情况下，会编译出两类文件，一类是 Debug 类型文件，用于程序的调试，一类是 Release 类型文件，用于产品发布。如果点击 Advanced setting 按钮，则会弹出如图 11-6 所示窗口。

图 11 - 5   编译文件类型界面

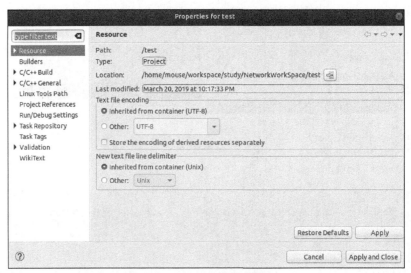

图 11 - 6   工程属性配置界面

本窗口可设置当前的工作环境及应用于本工程的很多属性。由于篇幅关系,此处只讲解与 C++相关的部分内容。

第 3 步:设置工程属性

在弹出工程属性窗口后,选择 C/C++Build→Settings 则显示如图 11 - 7 所示窗口。与工程编译相关的主要属性均在此窗口的 Tool Settings 页中设置。下面对此页中的主要选项进行介绍。

页中的选项主要分为 4 部分,GCC C++Complier(GCC C++编译器选项)、GCC C Complier(GCC C 编译器选项)、GCC C++Linker(GCC C++链接器选项)、GCC Assembler

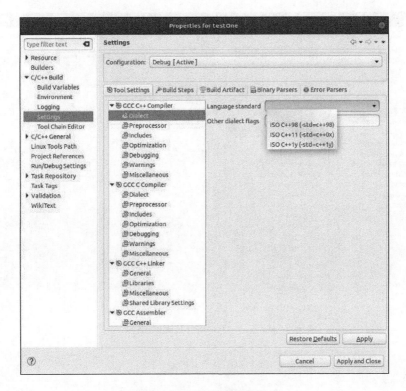

图 11 - 7　编程语言选择

（GCC 汇编选项）。由于 C++语言完全兼容 C 的语法,且与 C 语言相比,有更严格的语法检查,故本处只分析 C++部分的设置。

① GCC C++Complier

● Dialect:选择此项,会产生如图 11 - 7 所示的语言标准选择下拉菜单。目前支持 3 种 C++语言标准:C++98、C++11 及 C++11 以上的版本,如 C++14 或 C++17 等。在默认的情况下,语言标准选择的是 C++98。

● Includes:此选项用于加入头文件的查询路径。在默认情况下,工程只会包含系统 API 相关的查询路径及 C++语言相关的查询路径。如果工程需要加入一些自己所需的头文件,需在此以手动的方式添加。其界面如图 11 - 8 所示。

可以看到 Includes 的设置分为两部分,上面的部分(Include paths)指加入的头文件的路径。如果相关的头文件均放于某个(几个)指定的目录下,可以采用此方法。下面的部分(Include files)指加入的头文件。与上面的部分不同的是,如果头文件存放的位置不是在统一的目录下,或头文件比较专用,需要逐个加入的,则应通过此方法完成。

② GCC C++Linker

● Libraries:此选项用于完成在编译时用到的链接库,此菜单分成了两部分,上部分是添加 GCC 可以识别的"标准"链接库,如在编程时,采用多线程,在 Linux 操作系统下采用的是 pthread 库,则添加的方法是点击 Libraries(-l)窗口的"+"号,并键入 pthread。下半部分则是用于键入查找链接库的路径。对于系统自带的链接库,如上例中的 pthread 库,则不需要键入查找路径,如图 11 - 9 所示。

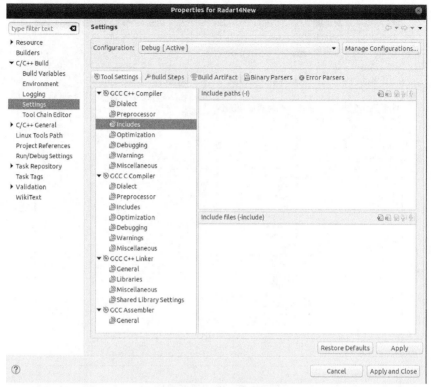

图 11 - 8　头文件配置

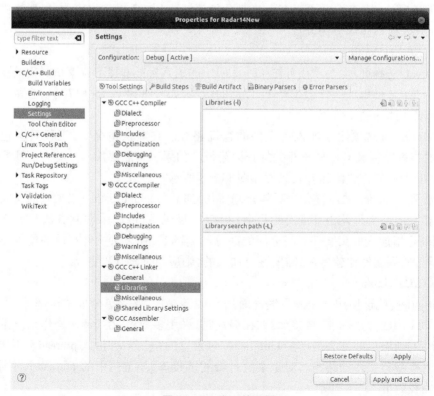

图 11 - 9　库文件配置

　　如果需要链接的库是自己生成的,或者是专用的库,则也可以在 Miscellaneous 中输入。注意输入最好采用 eclipse 规定的方式。

　　以上是配置一个 C++工程常用的基本操作。如果工程配置完成后,需要修改,则可如图 11－10 所示,首先在 Project Explore 窗口中选中工程,然后单击右键,选择【properties】,同样会弹出如图 11－9 所示界面。

　　至此,创建一个 C++的空工程并配置相关工程属性的操作完成。

第 4 步:向工程中加入文件

　　如图 11－11 所示,在 Project Explorer 窗口中选中工程,并单击右键,选择【New】→【Source File】,则可为工程添加新的源文件,如果选择【Header File】,则为工程添加头文件。需要注意的是 eclipse 并不会自动地为文件添加文件后缀名,需自己手动添加,否则不会生成对应类型的文件。

第 5 步:编译工程

　　当文件编辑完毕并保存后,在 Project Explorer 窗口中选中工程,并单击右键,选择【Build Project】,则可编译整个工程,如果想清除掉上次的编译结果,则选择【Clean Project】。

　　编译通过后,可以选择菜单 run→run,运行程序,或者点击快捷菜单栏上的运行键(绿色三角 )运行程序。运行结果会呈现在界面下方的控制台中。

图 11－10　工程属性配置

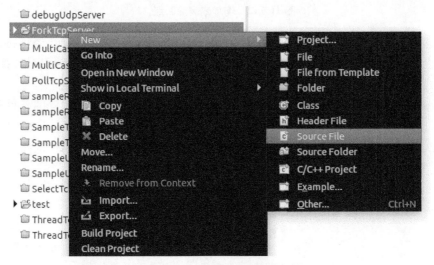

图 11－11　在工程中添加新文件

11.4 调试程序

11.4.1 添加断点

在需要加入断点的程序行的行首双击左键,若出现一个蓝色的小圆点,则说明增加断点成功,在断点上双击左键,则可以取消断点。当然,这个操作也可以通过菜单来完成,如图11－12所示。

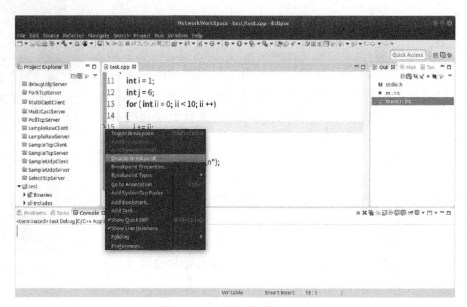

图 11－12 增加或删除断点

通过选择菜单中的【Add breakpoint】或者【Disable breakpoint】可以增加或删除断点。通过此菜单也可以设置条件断点。选择图 11－12 菜单中的【Breakpoint Properties】会弹出如图11－13 所示窗口。

在 Condition 一栏中,可以输入程序暂停的条件。如在本例中,程序暂停的条件是"j>=10",即当前循环指令中,如果变量 j 满足此条件,程序暂停。在 Ignore count 一栏中,可以设置在第几次满足此条件时暂停。在本例中,设置的值为"0",表示在条件第一次满足时,就会暂停。

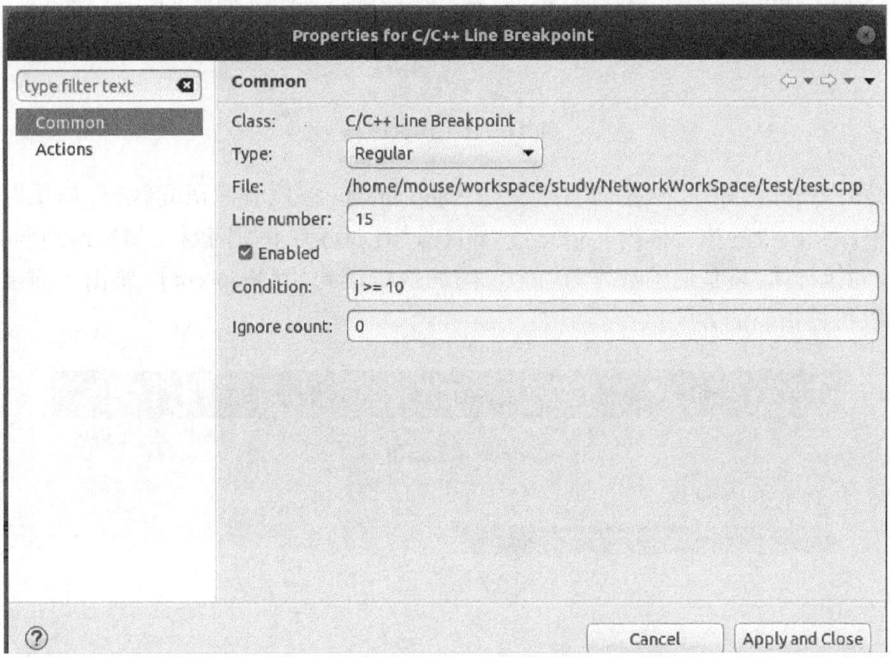

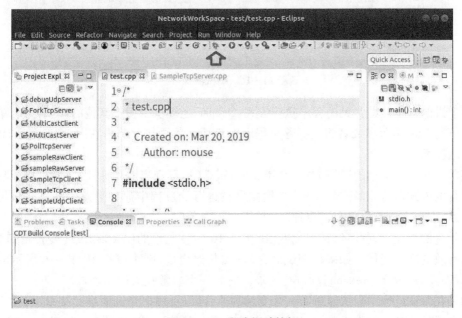

图 11 - 13　设置条件断点

11.4.2　调试程序

当断点设置完成后,按【Debug】图标按钮,则可进入调试状态。如图 11 - 14 所示。

图 11 - 14　程序调试按钮

进入调试状态后,会显示如图 11 - 14 所示的界面。同时,程序会停在程序的入口处。

在调试状态下,Eclipse 提供了几种基本的程序执行方式,其图标如图 11-15 所示。

图 11-15　调试图标

按照图中图标的顺序,从左向右依次是【Step into】(按照程序语句执行,如果遇到函数调用,会跟踪到函数的执行体内)、【Step over】(按当前程序的顺序执行,如果遇到函数,不会进入函数的执行体,只是把函数作为一个普通的执行语句)、【Step out】(跳出当前函数所执行体)及以机器指令的方式执行。

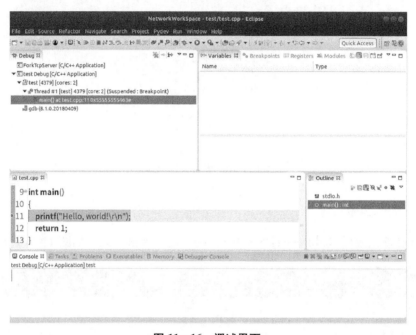

图 11-16　调试界面

以上讲的只是几种常见的程序执行方式,Eclipse 还提供了很多其他的调试方式,单击调试状态下的 Run 菜单项或者将光标移至程序中的某一条语句并单击右键,则会显示如图 11-17 所示界面。

菜单中有一个常用的运行方式为"Run to Line"(运行到当前光标处)。它可以让程序以正常执行的方式运行到指定的位置,当然如果在运行的过程中遇到无条件断点或满足条件的条件断点时,它会首先停在断点处。

在默认的情况下,程序调试时,会在图 11-16 的右上角的【Variables】(变量窗口)中显示当前有效的部分变量。如果在调试时,想增加其他变量,则可以在图 11-16 所示的菜单中选择【Add Watch Expression】项进行添加。它是一个非常强大的功能。

如果在调试过程中想快速查看一个变量的值,可以直接把光标放在此变量上,则会自动显示此变量的信息。如在本例中,想快速查看全局变量 m 的值,结果显示如图 11-18。

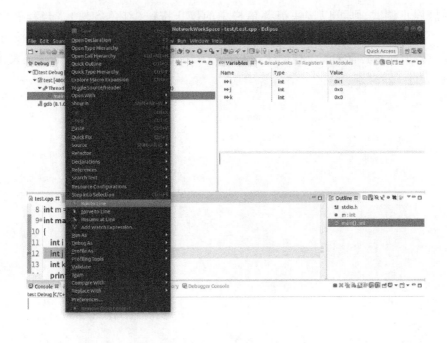

图 11 - 17　Run 菜单

图 11 - 18　快速查看变量

如果想停止调式,则可以按快捷菜单栏中的停止按钮(红色方块)。当程序停止后,Eclipse 并不会自动切换到程序的编辑界面,需按快捷菜单栏中最右侧的【Debug】按钮。

本章只讲了与实验有关的工程创建及调式的常用功能,Eclipse 的功能非常强大,读者如有兴趣,可做进一步探索。

第三部分

实验举例编程

第12章 实　　验

通过上机实验,进一步加深对网络编程的理解,熟悉 socket API( )函数的使用。本书提供的所有示例代码均需在 Windows 系统下 Visual Studio 2015 以上版本运行,或使用 Linux 系统下 C++11 以上编译器,若编译环境版本过低,可能会出现编译通不过的情况。

12.1　实验一　基本的 TCP 编程

■　实验目的

(1) 掌握 Windows 环境下使用 socket 开发的方法;

(2) 掌握 TCP 服务器程序和客户端程序的编程流程;

(3) 掌握 TCP 编程相关 API( )函数的用法;

(4) 熟悉程序调试的方法。

■　实验示例

(1) 示例要求

采用客户端—服务器的网络编程模型,编写一个简单的基于 TCP 连接的可靠传输实验程序,其网络组织拓扑如图 12 - 1 所示,具体要求如下:

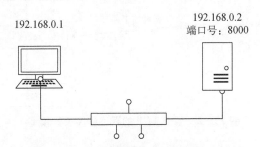

192.168.0.1　　　　　　　　192.168.0.2
　　　　　　　　　　　　　端口号:8000

图 12 - 1　TCP 编程网络组织拓扑示意图

① 客户端的 IP 地址为 192.168.0.1,服务器端的 IP 地址为 192.168.0.2,提供服务的端口号为 8000。

② 客户端与服务器之间通过以太网进行连接。

③ 服务器接收到客户端发来的消息后,将收到的消息返回给客户端。

(2) 基本知识

① 基于 TCP 的网络程序设计模型

基于 TCP 的客户端—服务器的网络编程模型如图 12 - 2 所示。图中列出了采用客户端—服务器的网络编程模型所用到的主要函数,各个函数的主要功能及各参数的含义,将结合示例程序进行详细分析。

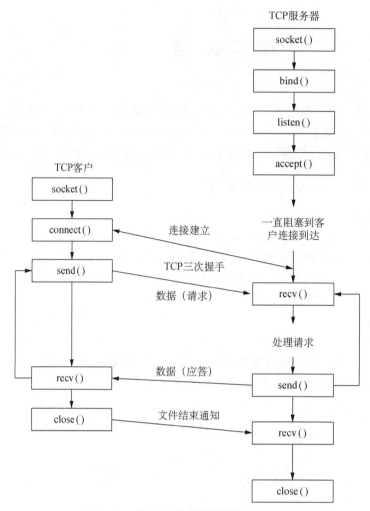

图 12-2　基于 TCP 的网络程序设计模型

② TCP 连接建立的有限状态机

TCP 是一个面向连接的、点对点的通信协议,其连接建立过程的有限状态机如图 12-3 所示。关于状态机的转换过程及与各个网络函数的关联关系,将结合示例程序,在后续章节进行详细分析。

需要说明的是,在建立一个 TCP 连接时,分为主动建立连接与被动建立连接两种情况。在基于客户端—服务器的网络程序设计模型下,客户端采用主动建立连接的工作方式,即客户端如果需要从服务器获取服务,则会按照服务器提供的 IP 地址及端口号,主动向服务器端发起连接请求。服务器端的服务程序是一个在网络上一直运行的监听程序,它启动后,会在指定的 IP 地址及端口号上等待客户端程序的服务请求,即处于被动建立连接状态。在图 12-3 中,以实线表示主动建立连接的状态机转移的情况,以虚线表示状态机被动转移的情况。

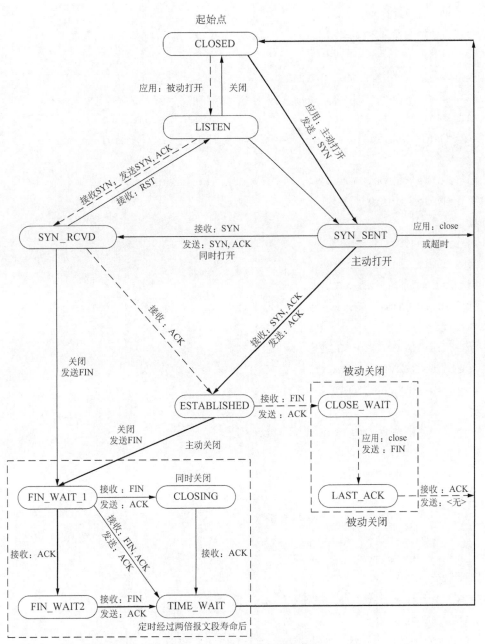

图 12-3　TCP 连接建立状态机

（3）服务器端示例程序

服务器端的完整示例代码如代码 1 所示。

示例代码 1

```
/* SimpleTcpServer.cpp */


#define __windows__
```

```
#ifdef __windows__
#include <WinSock2.h>
#endif
#ifdef __LINUX__
#include <sys/types.h>/* basic system data types */
#include <sys/socket.h>/* basic socket definitions */
#include < netinet/in.h >/*  sockaddr _in { } and other Internet
defns */
#include <arpa/inet.h>/* inet(3) functions */
#include <unistd.h>
#endif
#include <stdio.h>
#include <string.h>
#ifdef __windows__
#pragma comment(lib, "ws2_32.lib")
#endif
#define MAXLINE (1024)
#define SERVER_ADDR ("192.168.0.2")
#define SERVER_PORT (8000)

int main(int argc, char **argv)
{
struct sockaddr_in    servaddr, cliaddr;
char                  buff[MAXLINE];
int                   flag = 0;

#ifdef __windows__
//初始化 WSA
WORD sockVersion = MAKEWORD(2, 2);
WSADATA wsaData;
if (WSAStartup(sockVersion, &wsaData) != 0)
{
    return 0;
}
SOCKET  listenfd, connfd;
#endif //__windows__
#ifdef __LINUX__
int          listenfd, connfd;
#endif
```

```
// 创建 socket
listenfd = socket(AF_INET, SOCK_STREAM, 0);
if (listenfd<0)
{
    printf("socket create error !!!\\r\\n");
    return -1;
}
else
{
    printf("Create Socket OK!!!\\r\\n");
}

// 初始化网络地址结构
memset(& servaddr, 0x00, sizeof(servaddr));
servaddr.sin_family = AF_INET;
servaddr.sin_addr.s_addr = inet_addr(SERVER_ADDR);
servaddr.sin_port = htons(SERVER_PORT);

flag = bind(listenfd, (const struct sockaddr * ) & servaddr, sizeof
(servaddr));
if (flag<0)
{
    printf("socket bind error\\r\\n");
    return -1;
}
else
{
    printf("socket bind ok\\r\\n");
}

// 将 SOCKET 设为被动监听状态
flag = listen(listenfd, 10);
if (flag<0)
{
    printf("socket listen error");
    return -1;
}

for (; ; )
```

```
{
    //等待客户端的请求
#ifdef __windows__
    int len=sizeof(cliaddr);
#endif
#ifdef __LINUX__
    socklen_t len=sizeof(cliaddr);
#endif
    connfd=accept(listenfd, (struct sockaddr *) & cliaddr, & len);
    if (connfd<0)
    {
        printf("socket accept error \r \n");
        continue;
    }
    //执行服务操作
     printf ("connection from % s, port % d \\n", inet _ntoa
            (cliaddr.sin_addr),ntohs(cliaddr.sin_port));
    int RecLen=recv(connfd, buff, MAXLINE, 0);
    send(connfd, buff, RecLen, 0);

    //关闭与客户端通信的 SOCKET
#ifdef __windows__
    closesocket(connfd);
#endif //__windows__

#ifdef __LINUX__
    close(connfd);
#endif

}
#ifdef __windows__
closesocket(listenfd);
WSACleanup();
#endif
#ifdef __LINUX__
close(listenfd);
#endif
return 0;
}
```

下面对程序中的关键语句进行分析,分析的过程与图 12－2 所采用的函数及过程完全相同。

> (1) listenfd = socket(AF_INET, SOCK_STREAM, 0);

通过调用 socket()函数,创建一个 socket 描述符。根据示例要求,客户端与服务器端是以 TCP 方式进行通信的,因此,本函数的第二个参数值为 SOCK_STREAM,要求本机的操作系统为程序创建一个面向"流"类型的 socket,即 TCP 属性的 socket。

本函数的作用是通过系统调用 socket()函数,向本机的操作系统申请一块资源,并完成对资源的初始化。这块资源将用于存贮及管理所创建的 socket。具体数据结构的设计及各操作系统的具体实现方式不尽相同,这里不作详细论述。如果资源申请成功,则 socket()函数返回一个大于 0 的整数,用于标识所申请的资源。在本程序中,为 listenfd。举个例子,某个学校新召入了一个学生,为了管理这个学生将来的学习情况,需要为这个学生新建一个档案,此档案即为 socket()函数申请的资源。同时,为了采用统一的方式管理档案,为这个学生新建了一个学号,此学号为 listenfd。将来,学校的管理部门(操作系统)可以通过学号实现对档案的管理。不过此时新生还未开始学习,所以此时的档案是空的。

如果资源申请失败,则返回一个小于 0 的整数,具体的错误代码,在 Linux 操作系统下,可以通过全局变量 errno 查看;在 Windows 操作系统下,可以通过 WSAGetLastErr()函数获取,并通过错误码查看对应的错误。

> (2) flag = bind(listenfd, (const struct sockaddr ∗) & servaddr, sizeof(servaddr));

一个服务器程序要能够被网络上的任一客户端程序找到,必须有固定的 IP 地址及端口号。也可以说,服务器的程序是以唯一的 IP 地址与端口号标识的。对服务器程序的 IP 地址及端口号的设定,是通过 bind()函数来完成的。

本函数的作用是完成对所申请的 socket 资源的第一次初始化,即通过 bind()函数系统调用,为新创建的 socket 资源指定 IP 地址及端口号。

此处需要说明的是,如果服务器有多个 IP 地址,即此服务器同时与多个子网连接,如图 12－4 所示,此时需要绑定哪个 IP 地址呢?

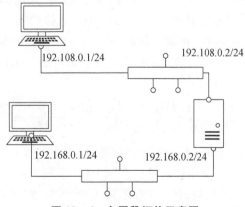

图 12－4　多网段拓扑示意图

此处分两种情况,如果服务器只接收来自 192.168.0.2 这个网络端口的服务连接请求,则调用 bind( )函数时,填入的 IP 地址为 192.168.0.2。如果服务器既可以接收来自端口 192.168.0.2 的服务连接请求又可以接收来自端口 192.108.0.2 的服务连接请求,则填入的 IP 地址为 INADDR_ANY,这是一个全"0"的值。此时服务器端在接收到连接请求后,不会对请求的 IP 分组的目的地址做判断,只对目的端口号做判断。客户端需要连接服务器时,根据自己的实际网络拓扑,其目的地址可以为"192.168.0.2",也可以是"192.108.0.2"。

根据本示例程序的要求,我们绑定的 IP 地址为 192.168.0.2。如果绑定失败,则 bind( )函数会返回一个小于 0 的数,具体错误的查看同 socket( )。

> (3) flag=listen(listenfd, 10);

当新创建一个 TCP socket 时,此 socket 对应的 TCP 的状态机是处于主动发起连接的状态,对应于图 12-3 中所示的 CLOSE(起点)的状态。根据前述对客户端—服务器网络编程模型的介绍,服务器端的程序是处理被动发起连接的状态,即程序启动后,等待客户端程序的接入。通过调用 listen( )函数,使服务器端的 TCP 状态机转至 LISTEN(被动打开)状态。

> (4) connfd=accept(listenfd, (struct sockaddr *) & cliaddr, & len);

accept( )函数是个阻塞类的函数,当程序运行到此函数后会阻塞(程序不动了),只有当客户端程序向服务器端程序发起 TCP 连接建立请求时,此函数才会继续运行并返回。如果客户端与服务器端的程序顺利完成 TCP 建立的三次握手,则函数会返回一个大于 0 的数,这个数的含义是连接 socket。此处需要注意的是,在程序中出现了两个 socket,一个是用于监听的 socket(listenfd),一个是用于 TCP 连接通信的 socket(connfd),这两个 socket 有什么区别呢?我们都知道,TCP 是一种面向连接的通信协议,是通过<源 IP 地址、源端口号、目的 IP 地址、目的端口号>这个四元组来标识一个连接的。监听 socket(listenfd)相当于一个公共的资源,它并不属于任何一个连接。当完成一次连接请求的处理后,它会自动回到 LISTEN 状态(由操作系统实现的),等待下一个连接请求。而连接 socket(connfd)则是由操作系统为了完成此次通信,新创建的 socket,这个 socket 标识了特定的联接,当 accept( )函数正确返回后,connfd 所标识的 socket 资源会处于如图 12-3 所示的 ESTABLISH(连接建立状态),并在此基础上完成后继的操作。从 TCP 通信状态机的角度看,监听 socket 负责完成状态机被动连接建立前的过程部分,连接 socket 负责连接建立后、通信及关闭部分。

客户端的 IP 地址及端口号信息可以通过 accept( )函数的第二个参数获取。在本示例程序中为变量 cliaddr。在 accept( )函数调用前,我们先将变量 cliaddr 清空,并以指针的方式传入,如果连接建立成功,accetp( )函数会将客户端的 IP 地址及端口号填入此结构。如果建立不成功,则此结构中的内容无效。

> (5) int RecLen=recv(connfd, buff, MAXLINE, 0);
>   send(connfd, buff, RecLen, 0);

在本示例中,服务器与客户端之间的通信是通过 send( )与 recv( )这一对函数实现的。由这个函数也可以看出 TCP 面向连接的特性。与 UDP 不同,我们在发送数据时,并没有指定目的 IP 地址及端口号,在接收数据时,也没有像 UDP 那样通过特定的数据结构获取源 IP 地址及端口号。

在 Linux 操作系统下,有人编写基于 TCP 的通信程序时,会用 read( )及 write( )函数,其基本功能与 send( )及 recv( )类似,但是具体的语法及语义在 Windows 操作系统下不支持。因此,本示例程序选用了通用的 send( )与 recv( )这一对函数。

```
(6) close(connfd);
```

当通信完成后,需要关闭 socket,以释放系统资源。当调用 close( )函数时,如果是服务器端的程序主动关闭,则状态机会进入如图 12-3 所示的左下角的主动关闭部分,即发送 FIN 报文,并进入 FIN_WAIT_1 状态。当关闭的交互协议完成后,操作系统会释放相关的资源。如果在此前,客户端的程序已经发起了关闭连接的操作,则当前的连接会进入图 12-3 的右下角的被动关闭部分,进入 CLOSE_WAIT 状态,并与客户端程序一起完成关闭的交互协议。此时调用 close( )函数的作用只是通知操作系统释放相关资源。

(4) 客户端示例程序

客户端的示例程序清单如示例代码 2。

示例代码 2

```cpp
/* SimpleTcpClient.cpp */
#define __windows__

#ifdef __windows__
#include <WinSock2.h>
#endif
#ifdef __LINUX__
#include <sys/types.h>   /* basic system data types */
#include <sys/socket.h>  /* basic socket definitions */
#include <netinet/in.h>  /* sockaddr_in{} and other Internet
defns */
#include <arpa/inet.h>   /* inet(3) functions */
#include <unistd.h>
#endif
#include <stdio.h>
#include <string.h>
#include <string>

#ifdef __windows__
#pragma comment(lib, "ws2_32.lib")
#endif

#define MAXLINE (1024)
#define SERVER_ADDR ("192.168.0.2")
#define SERVER_PORT (8000)
```

```
using namespace std;

int main(int argc, char **argv)
{
int                     sockfd, n;
char                    recvline[MAXLINE+1];
struct sockaddr_in      servaddr;

#ifdef __windows__
WORD sockVersion = MAKEWORD(2, 2);
WSADATA wsaData;
if (WSAStartup(sockVersion, &wsaData) != 0) {
    return 0;
}
#endif

if ((sockfd = socket(AF_INET, SOCK_STREAM, 0))<0) {
        printf("socket create error \r\n");
        return -1;
}
memset(&servaddr, 0x00, sizeof(servaddr));
servaddr.sin_family = AF_INET;
servaddr.sin_port = htons(SERVER_PORT);
servaddr.sin_addr.s_addr = inet_addr(SERVER_ADDR);
if (connect(sockfd, (struct sockaddr *) &servaddr, sizeof
(servaddr))<0) {
        printf("socket connect error \r\n");
        return -1;
}
string m_SendMsg{"This is a client test"};
int SendLen = send(sockfd, m_SendMsg.c_str(), m_SendMsg.length(),
0);
if (SendLen<0) {
        printf("Send Message Error \r\n");
}
else {
        printf("Send Message OK, length is %d \r\n", SendLen);
}
```

```
memset(recvline, 0x00, MAXLINE+1);
while ((n=recv(sockfd, recvline, MAXLINE, 0)) > 0) {
        printf("Receive Length: %d, Receive %s\r\n",n, recvline);
        memset(recvline, 0x00, MAXLINE+1);
}

if (n<0) {
        printf("maybe meet a error\r\n");
}
#ifdef __windows__
closesocket(sockfd);
WSACleanup();
#endif
#ifdef __LINUX__
close(sockfd);
#endif
return 0;
}
```

客户端的示例程序采用的编程模型如图 12－2 所示。其中关于 socket 的创建(socket( )函数的使用)、数据的收发(recv( )函数及 send( )函数的使用)、socket 的释放(close( )函数的使用)与服务器端程序的操作含义相同,此处不再重复论述。下面仅对两个程序的不同点做进一步说明。

(1) socket 的创建

在客户端的程序中,socket 创建后,并没有调用 listen( )函数。原因是 socket( )创建了其所需资源后,会默认地把 TCP 连接的协议状态机设置为 CLOSE 状态,即主动发起连接请求的初始态。根据客户端—服务器的编程模型,客户端总是以主动的方式向服务器端发起连接请求,因此,此处无须调用 listen( )。

(2) connect (sockfd, (struct sockaddr *) & servaddr, sizeof (servaddr)

客户端通过 connect( )函数向服务器端发起连接请求,并与服务器端的 accept( )函数(还记得这是个阻塞函数吗？它一直在等 connect( )函数向它发起连接请求)一起完成三次握手。

需要说明的是,客户端的程序在发起连接之前,只是指定了服务器端的 IP 地址和端口号,并以参数的方式传给 connect( )函数。在本示例中,是存于 servaddr 结构中的。客户端程序并没有指定源 IP 地址及端口号。

大家都知道,一个 TCP 连接是通过一个四元组标识的,在没有指定源 IP 地址及端口号的情况下,如何确定源端的 IP 地址及端口呢？源 IP 地址是通过本地的路由表确定的。在本示例中,如图 12－1 所示,如果客户端需要与目的 IP 地址是 192.168.0.2 的服务器通信,则根据客户端本地路由表，此 IP 分组会通过端口 192.168.0.1 发出，则其源 IP 地址会选择 192.168.0.1。而在不指定源端口号的情况下，会由操作系统自动选择一个端口号填入。

如果用户希望为客户端指定一个 IP 地址及端口号，可以通过 bind( )函数实现。具体的用法与服务器端的程序相同，此处不再论述。

(3) 通信用 socket

在客户端的程序中，并没有像服务器端的程序一样出现了两类 socket，一个是监听用 socket(在示例代码 1 中是 listenfd)，一个是通信用 socket(在示例代码 1 中是 connfd)，原因是根据客户端—服务器的网络通信模型，它并不需要具有被动守听功能。因此，connect( )函数也就没有必要返回一个新的 socket 描述符了。

(5) 示例运行

网络连接好之后，先运行服务器端，再打开客户端，服务器端和客户端的运行结果分别如图 12－5 和图 12－6 所示。

图 12－5　TCP 服务器端运行结果

图 12－6　TCP 客户端运行结果

■ 实验要求

(1) 基于 Windows 操作系统分别编写 TCP 客户端及服务器程序

请基于 TCP 编写客户端—服务器程序，要求如下：

① 客户端的 IP 地址为 192.168.0.10，端口号为 8000。

② 服务器端的 IP 地址为 192.168.0.1，端口号为 10000。

③ 客户端与服务器建立连接后，服务器会随机发送 0~9 中的任一个数字。

④ 当客户端收到服务器端发来的数字后，需在屏幕上打印出服务器的 IP 地址及端口号。

⑤ 如果客户端收到 0~8 的数字，需继续等待服务器的数字。

⑥ 如果客户端收到 9，则表示通信结束。

(2) 抓包分析

采用 Wireshark 网络抓包软件分别抓取网络上的 IP 分组，并结合程序的 debug 功能，对主要网络功能函数(图 12－2 中列出的)所执行的操作进行分析。

(3) 撰写实验报告

完成以上实验内容，并撰写实验报告。

12.2　实验二　基本的 UDP 编程

■　实验目的

（1）掌握 UDP 服务器程序和客户端程序的编程流程；

（2）掌握 UDP 编程相关 API( ) 函数的用法。

■　实验示例

（1）示例要求

采用客户端—服务器的网络编程模型，编写一个简单的基于 UDP 的传输实验程序，具体要求如下：

① 客户端与服务器运行在同一台主机上。

② 服务器端的 IP 地址为本地环回地址 127.0.0.1，其提供服务的端口号为 8000。

③ 服务器可以接收客户端发来的消息，并在收到消息后向客户端发送反馈。

（2）基本知识

TCP 是面向连接的，有比较高的可靠性，一些要求比较高的服务一般使用这个协议，如 FTP、Telnet、SMTP、HTTP、POP3 等，但是高可靠性随之带来了资源耗费比较大，效率低，例如在 Internet 中如果使用 TCP 协议传输视频流，因为 TCP 具有"乘性减，加性增"的特性，所以一旦出现丢包现象，视频流的传输速度将会急剧下降，后果是致命的。故在数据量大，但是数据可靠性要求不严格的场合，一般不用 TCP 协议，而使用 UDP 协议。

UDP 协议主要用来支持那些需要在计算机之间传输数据的网络应用。包括网络视频会议系统在内的众多的客户/服务器模式的网络应用都需要使用 UDP 协议。UDP 协议从问世至今已经被使用了很多年，现如今，虽然其最初的光彩已经被一些类似协议所掩盖，但是仍然不失为一项非常实用和可行的网络传输层协议。

UDP 服务器一般都是面向事务处理的，一个请求+一个应答就完成了客户程序与服务程序之间的相互作用。若使用无连接的套接字编程，程序的流程可以用图 12-7 来表示。

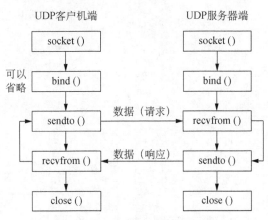

图 12-7　UDP 程序的工作流程

对于在一个无连接套接字上接收数据的进程来说，步骤并不复杂。先用 socket 建立套接字，再把这个套接字和准备接收数据的接口绑定在一起。这是通过 bind( ) 函数（和面向连接的示例一样）来完成的。和面向连接不同的是，无连接套接字不必调用 listen 和 accept。

相反,只需等待接收数据。由于它是无连接的,因此始发于网络上任何一台机器的数据报都可被接收端的套接字接收。最简单的接收函数是 recvfrom。要在一个无连接的套接字上发送数据,最简单的一种选择便是建立一个套接字,然后调用 sendto( )函数。

因为无连接协议没有连接,所以也不会有"优雅地"或者是"强行地"关闭的说法。在接收端或发送端结束收发数据时,它只是在套接字句柄上调用 closesocket(Linux 操作系统写调用 close( )函数)函数,这样,便释放了为套接字分配的所有相关资源。

(3) 服务器端示例程序

服务器端的完整示例代码如代码 1 所示。

示例代码 1

```cpp
/* SimpleUdpServer.cpp */

#define __windows__

#ifdef __windows__
#include <WinSock2.h>
#endif
#ifdef __LINUX__
#include <sys/types.h>/* basic system data types */
#include <sys/socket.h>/* basic socket definitions */
#include < netinet/in.h >/* sockaddr _ in { } and other Internet
defns */
#include <arpa/inet.h>/* inet(3) functions */
#include <unistd.h>
#include <errno.h>
#endif

#include <stdio.h>
#include <string.h>
#include <string>

#ifdef __windows__
#pragma comment(lib, "ws2_32.lib")
#endif

#define MAX_BUFFER_LEN   (1024)
#define SERVER_ADDR      ("127.0.0.1")
#define SERVER_PORT      (8000)
```

```
using namespace std;

int main(int argc, char **argv)
{
int             sockfd;
struct          sockaddr_inservaddr, cliaddr;
char            mesg[MAX_BUFFER_LEN];
int             flag = 0;

#ifdef __windows__
// 初始化 WSA
WORD sockVersion = MAKEWORD(2, 2);
WSADATA wsaData;
if (WSAStartup(sockVersion, &wsaData) != 0)
{
    return 0;
}
#endif // __windows__

// 创建 UDP socket
sockfd = socket(AF_INET, SOCK_DGRAM, 0);
if (sockfd<0)
{
    printf("socket create error \r \n");
    return -1;
}

// 设置服务器端的 IP 地址及端口号
memset(& servaddr, 0x00, sizeof(servaddr));
servaddr.sin_family = AF_INET;
servaddr.sin_addr.s_addr = inet_addr(SERVER_ADDR);
servaddr.sin_port = htons(SERVER_PORT);
flag = bind(sockfd, (const struct sockaddr *) & servaddr, sizeof
(servaddr));
if (flag<0)
{
    printf("socket bind error \r \n");
    return -1;
```

```
    }

    //循环接收数据
#ifdef __windows__
    int len=sizeof(struct sockaddr);
#endif
#ifdef __LINUX__
    socklen_t len=sizeof(struct sockaddr);
#endif
    for (; ;)
    {
        flag = recvfrom(sockfd, mesg, MAX_BUFFER_LEN, 0, (struct
sockaddr*)&cliaddr, &len);

        //显示客户端的信息
        if (flag<0)
        {
#ifdef __windows__
            printf("UDP Server recvfrom ERROR, errno: %d\\r\\n",
WSAGetLastError());
#endif
#ifdef __LINUX__
            printf("UDP Server recvfrom ERROR, errno: %d\\r\\n", errno);
#endif
            continue;
        }
        else
        {
            printf("Request from %s, port %d\\n", inet_ntoa
(cliaddr.sin_addr),
                ntohs(cliaddr.sin_port));
        }
        //向客户端发送信息
        string Response{"This is a message from UDP Server"};
        flag=sendto(sockfd, (char*)Response.c_str(), Response.
length(), 0,
            (struct sockaddr*)&cliaddr, sizeof(struct sockaddr));
        if (flag<0)
```

```
    {
        printf("Send Message Error\r\n");
    }
}

#ifdef __windows__
closesocket(sockfd);
WSACleanup();
#endif //__windows__


#ifdef __LINUX__
close(sockfd);
#endif


return 0;
}
```

下面对程序中的关键语句进行分析,分析的过程与图 12-7 所采用的函数及过程完全相同。

(1) sockfd=socket(AF_INET, SOCK_DGRAM, 0);

通过调用 socket( )函数,创建一个 socket 描述符。根据示例要求,客户端与服务器端是以 UDP 方式进行通信的,因此,本函数的第二个参数值为 SOCK_DGRAM,即要求本机的操作系统为程序创建一个数据报类型的 socket,即 UDP 属性的 socket。

若 socket 创建成功,则 socket( )函数返回一个大于 0 的整数,用于标志所申请的资源。在本程序中,为 sock_fd。

如果资源申请失败,则返回一个小于 0 的整数,具体的错误代码,在 Linux 操作系统下,可以通过全局变量 errno 查看;在 Windows 操作系统下,可以通过 WSAGetLastErr( )函数获取,并通过错误码查看对应的错误。

(2) flag=bind(sockfd, (const struct sockaddr *) & servaddr, sizeof(servaddr));

通过调用 bind( )函数为新创建的 socket 资源指定 IP 地址及端口号。本示例程序绑定的 IP 地址为本机环回地址 127.0.0.1,如果绑定失败,则 bind( )函数会返回一个小于 0 的数,可以通过错误码查看对应的错误。

(3) flag = recvfrom (sockfd, mesg, MAX_BUFFER_LEN, 0, (struct sockaddr *)& cliaddr, & len);
   flag=sendto(sockfd, (char *)Response.c_str(),Response.length(), 0, (struct sockaddr *)& cliaddr, sizeof(struct sockaddr));

　　UDP 的服务器与客户端之间的通信一般使用 sendto( )和 recvfrom( )发送或接收数据。与 TCP 不同,因为 UDP 是无连接的,因此,我们在发送数据时需要指定目的 IP 地址以及端口号,在接收数据时,需要通过特定的数据结构获取源 IP 地址以及端口号。但是如果套接字是通用 connect( )函数发起连接的,那么也可以用 send( )和 recv( )函数进行数据报的发送和接收。

　　若无错误发生,sendto( )返回所发送数据的总数(可能会小于 flag 中指定的大小),recvfrom( )返回读入的字节数,如果连接已经中止,返回 0,否则会返回一个小于 0 的整数,可以通过错误码查看对应的错误。

　　(4) closesocket(sockfd);

　　在通信结束后,调用 closesocket ( )函数释放套接字描述符 sock_fd。

(4) 客户端示例程序

客户端的示例程序清单如示例代码 2。

示例代码 2

```cpp
/* SimpleUdpClient.cpp */

#define __windows__

#ifdef __windows__
#include <WinSock2.h>
#endif
#ifdef __LINUX__
#include <sys/types.h>/* basic system data types */
#include <sys/socket.h>/* basic socket definitions */
#include < netinet/in.h >/* sockaddr_in{} and other Internet defns */
#include <arpa/inet.h>/* inet(3) functions */
#include <unistd.h>
#include <errno.h>
#endif

#include <stdio.h>
#include <string.h>
#include <string>

#ifdef __windows__
#pragma comment(lib, "ws2_32.lib")
#endif
```

```
#define MAX_BUFFER_LEN      (1024)
#define SERVER_ADDR         ("127.0.0.1")
#define SERVER_PORT         (8000)

using namespace std;

int main(int argc, char **argv)
{
int                    sockfd;
struct sockaddr_in     servaddr;
char                   mesg[MAX_BUFFER_LEN];
int                    len=0;


#ifdef __windows__
//初始化 WSA
WORD sockVersion=MAKEWORD(2,2);
WSADATA wsaData;
if (WSAStartup(sockVersion, &wsaData) != 0)
{
    return 0;
}
#endif // __windows__

//创建 socket
sockfd=socket(AF_INET, SOCK_DGRAM, 0);
if (sockfd<0)
{
    printf("socket create error!!!\r\n");
    return -1;
}

//设置服务器端的 IP 地址及端口号
memset(&servaddr, 0x00, sizeof(servaddr));
servaddr.sin_family=AF_INET;
servaddr.sin_port=htons(SERVER_PORT);
servaddr.sin_addr.s_addr=inet_addr(SERVER_ADDR);
```

```
    string Request{ "I am client" };
    len=sendto(sockfd, (char *)Request.c_str(), Request.length(), 0,
(const struct sockaddr *)& servaddr, sizeof(struct sockaddr_in));
    if (len<0)
    {
        printf("socket send error\\r\\n");
    }
    else
    {
        memset(mesg, 0x00, MAX_BUFFER_LEN);
        len=recvfrom(sockfd, mesg, MAX_BUFFER_LEN, 0, NULL, NULL);
        if (len<0)
        {
            printf("socket reveive error\\r\\n");
            return -1;
        }
        else
        {
            printf("Receive: % s\\r\\n", mesg);
        }
    }


#ifdef __windows__
closesocket(sockfd);
WSACleanup();
#endif //__windows__

#ifdef __LINUX__
close(sockfd);
#endif

return 0;
}
```

客户端示例程序的编程模型如图 12 - 7 所示。其 socket 的创建(socket( )函数的使用)、数据的发送和接收(sendto( )函数和 recvfrom( )函数的使用)和释放与服务器端程序的操作含义相同,在此不再重复。

(5) 示例运行

在两个终端里各打开一个 client 与 server 交互,观察运行结果。服务器端和客户端的运行结果如图 12－8 和图 12－9 所示。

选择C:\MyFolder\code\Net\SimpleUDPServer\Debug\SimpleUDPServer.exe
Request from 127.0.0.1, port 62535

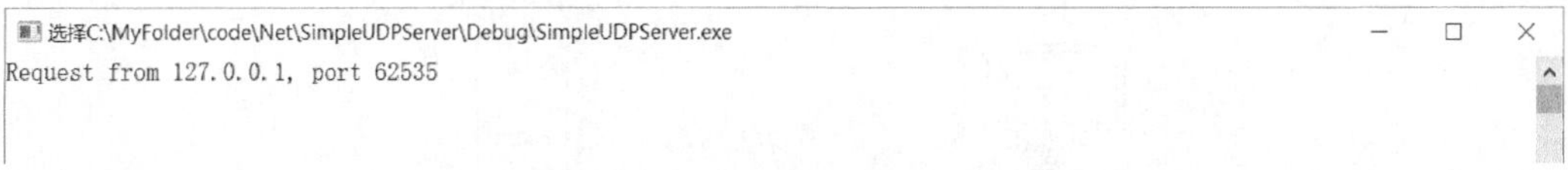

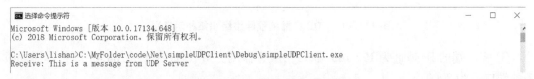

图 12－8　UDP 服务器端运行结果

选择命令提示符
Microsoft Windows [版本 10.0.17134.648]
(c) 2018 Microsoft Corporation。保留所有权利。
C:\Users\lishan>C:\MyFolder\code\Net\simpleUDPClient\Debug\simpleUDPClient.exe
Receive: This is a message from UDP Server

图 12－9　UDP 客户端运行结果

用“Ctrl+C”关闭 server，然后再运行 server，看此时 client 还能否和 server 联系上。与前面 TCP 程序的运行结果相比较，体会无连接的含义。

■　实验要求

(1) 基于 Windows 操作系统分别编写 UDP 客户端及服务器程序

请基于 UDP 分别完成客户端和服务器程序，要求如下：

① 客户端的 IP 地址为 192.168.0.1，端口号为 8888。

② 服务器端的 IP 地址为 192.168.0.2，端口号为 9999。

③ 客户端可以从命令行获取输入信息，并将此信息发送给对方。

④ 服务器收到消息后（例如 hello），能够在屏幕上打印“收到来自客户端的消息：hello”。然后将接收到的小写字母转换为大写字母，并发送给客户端。

⑤ 客户端收到消息后（例如 HELLO），能够在屏幕上打印“收到来自服务器的消息：HELLO”。

⑥ 客户机命令行输入消息“Bye”后，能够结束当前通信。

(2) 抓包分析

采用 Wireshark 网络抓包软件分别抓取网络上的 IP 分组，并结合程序的 debug 功能，对主要网络功能函数（图 12－7 中列出的）所执行的操作进行分析。

(3) 撰写实验报告

完成以上实验内容，并撰写实验报告。

12.3　实验三　UDP 局域网广播

■　实验目的

(1) 掌握基于 UDP 广播的编程方法；

(2) 熟悉套接字选项的用法。

■　实验示例

(1) 示例要求

编写一个简单的基于 UDP 的局域网广播程序，其网络组织拓扑如图 12－10 所示，具体要求如下：

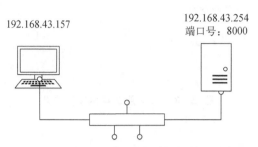

图 12 - 10　UDP 广播编程网络组织拓扑示意图

① 客户端的 IP 地址为 192.168.43.157,服务器端的 IP 地址为 192.168.43.254,其提供服务的端口号为 8000。

② 客户端与服务器之间通过以太网进行连接。

③ 客户端在局域网内发送广播消息。

④ 服务器接收到客户端发来的广播消息后,在屏幕上打印收到的广播信息。

（2）基本知识

在一个局域网内,如果一台主机想给本地网络中的所有其他主机发送数据,就可以使用广播方式,比如多媒体教学、视频会议等应用。

广播有特殊的 IP 地址,广播地址（Broadcast Address）是专门用于同时向网络中（通常指同一子网）所有主机进行发送的地址。在使用 TCP/IP 协议的网络中,IP 地址中主机标识段为全 1 的 IP 地址为广播地址,广播的分组传送给同一个子网的所有计算机。比如说,如果网关是 192.168.1.1 的话,其网段为 192.168.1.0/24,广播地址就是 192.168.1.255。

广播只能通过 UDP 或者原始 IP 实现,而不能使用 TCP。在默认情况下,套接字是没有开启广播权限的,需要使用 setsockopt( ) 函数获取该权限,主要是通过设置 setsockopt( ) 函数的参数来完成。设置 setsockopt( ) 函数的第二个参数值为 SOL_SOCKET,下面说明一下第三个参数选项的含义（这里只筛选与本实验相关的选项进行解释）：

SO_BROADCAST

本选项开启或禁止进程发送广播消息的能力。只有数据报套接字支持广播,并且还必须是在支持广播消息的网络上（例如以太网、令牌环网等）才能进行广播分组的传输。我们不可能在点对点链路上进行广播,也不可能在基于连接的传输协议（例如 TCP 和 SCTP）上进行广播。

由于应用进程在发送广播数据报之前必须设置本套接字选项,因此它能够有效地防止一个进程在其应用程序根本没有设计成可广播时就发送广播数据。

SO_RESUEADDR

（此处只摘录了与广播相关的部分）本选项允许完全重复的捆绑:当一个 IP 地址和端口已经绑定到某个套接字上时,如果传输协议支持,同样的 IP 地址和端口还可以捆绑到另一个套接字上。一般来说,本特性仅支持 UDP 套接字。

本特性用于组播时,允许在同一个主机上同时运行同一个应用程序的多个副本。当一个 UDP 数据报需由这些重复捆绑套接字中的一个接收时,所用规则为:如果该数据报的目的地址是一个广播地址或组播地址,则就给每个匹配的套接字递送一个该数据报的副本;但是如果该数据报的目的地址是一个单播地址,则它只递送给单个套接字。在单播数据报情况下,如果有多个套接字匹配该数据报,则该选择由哪个套接字接收取决于具体实现。

(3) 服务器端示例程序

服务器端的完整示例代码如代码 1 所示。

示例代码 1

```cpp
/* BroadcastServer.cpp */
#define __windows__

#ifdef __windows__
#define _WINSOCK_DEPRECATED_NO_WARNINGS
#include <WinSock2.h>
#endif
#ifdef __LINUX__
#include <sys/types.h>/* basic system data types */
#include <sys/socket.h>/* basic socket definitions */
#include <netinet/in.h>/* sockaddr_in{} and other Internet
defns */
#include <arpa/inet.h>/* inet(3) functions */
#include <unistd.h>
#include <errno.h>
#endif

#include <stdio.h>
#include <string.h>
#include <string>

#ifdef __windows__
#pragma comment(lib, "ws2_32.lib")
#endif

#define MAX_BUF 80
#define SRV_PORT 8000

int main()
{
struct sockaddr_in srv_addr, clt_addr;

int sock_fd;
```

```
int ret = 0;

char buf[MAX_BUF] = {0};

#ifdef __windows__
// 初始化 WSA
WORD sockVersion = MAKEWORD(2, 2);
WSADATA wsaData;
if (WSAStartup(sockVersion, & wsaData) != 0)
{
    return 0;
}
#endif // __windows__

// 创建 UDP socket
sock_fd = socket(AF_INET, SOCK_DGRAM, 0);
if (sock_fd<0)
{
    printf("socket create error \r \n");
    return -1;
}

memset(& srv_addr, 0x00, sizeof(srv_addr));
srv_addr.sin_family = AF_INET;
srv_addr.sin_port = htons(SRV_PORT);
srv_addr.sin_addr.s_addr = htonl(INADDR_ANY);

// 将地址结构绑定到套接字上
ret = bind(sock_fd, (struct sockaddr *)& srv_addr, sizeof(srv_addr));
if (ret<0)
{
    printf("socket bind error \r \n");
    return -1;
}

#ifdef __windows__
int len = sizeof(struct sockaddr);
```

```
#endif
#ifdef __LINUX__
socklen_t len=sizeof(struct sockaddr);
#endif
for (; ; )
{
    ret=recvfrom(sock_fd, buf, MAX_BUF, 0, (struct sockaddr *)&
clt_addr, & len);
    //显示客户端的信息
    if (ret<0)
    {
#ifdef __windows__
        printf ("UDP Server recvfrom ERROR, errno: % d \\r \\n",
WSAGetLastError());
    #endif
    #ifdef __LINUX__
        printf ("UDP Server recvfrom ERROR, errno: % d \\r \\n",
errno);
    #endif
        continue;
    }
    else
    {
        printf("Receive from % s: % s \\n", inet_ntoa(clt_addr.sin_
addr),buf);
    }
}
#ifdef __windows__
closesocket(sock_fd);
WSACleanup();
#endif //__windows__

#ifdef __LINUX__
close(sock_fd);
#endif
}
```

　　基于 UDP 广播的服务器端的代码没有特别需要讲解的内容,它与 UDP 单播的服务器
代码流程很相似,不需要进行额外的修改。

（4）客户端示例程序

客户端的示例程序清单如示例代码2。

示例代码2

```
/* BroadcastClient.cpp */

#define __windows__

#ifdef __windows__
#define _CRT_SECURE_NO_WARNINGS
#define _WINSOCK_DEPRECATED_NO_WARNINGS
#include <WinSock2.h>
#endif
#ifdef __LINUX__
#include <sys/types.h>/* basic system data types */
#include <sys/socket.h>/* basic socket definitions */
#include <netinet/in.h>/* sockaddr_in{} and other Internet defns */
#include <arpa/inet.h>/* inet(3) functions */
#include <unistd.h>
#include <errno.h>
#endif

#include <stdio.h>
#include <string.h>
#include <string>

#ifdef __windows__
#pragma comment(lib, "ws2_32.lib")
#endif

#define MAX_BUF 80
#define SRV_PORT 8000
#define BRD_ADDR "192.168.43.255"
using namespace std;
int main()
{
struct sockaddr_in brd_addr;
```

```
int sock_fd;
int ret = 0;

char buf[MAX_BUF] = {0};

#ifdef __windows__
//初始化 WSA
WORD sockVersion = MAKEWORD(2, 2);
WSADATA wsaData;
if (WSAStartup(sockVersion, &wsaData) != 0)
{
    return 0;
}
#endif //__windows__

//创建 UDP socket
sock_fd = socket(AF_INET, SOCK_DGRAM, 0);
if (sock_fd<0)
{
    printf("socket create error \\r \\n");
    return -1;
}

memset(&brd_addr, 0x00, sizeof(brd_addr));
brd_addr.sin_family = AF_INET;
brd_addr.sin_port = htons(SRV_PORT);
brd_addr.sin_addr.s_addr = inet_addr(BRD_ADDR);

//获取广播权限—默认没有开启
char flag = 1;
setsockopt(sock_fd, SOL_SOCKET, SO_BROADCAST | SO_REUSEADDR, &flag, sizeof(flag));

sprintf(buf, "This is a broadcast message from client \\n");
ret = sendto(sock_fd, buf, strlen(buf), 0, (struct sockaddr * )&brd_addr, sizeof(brd_addr));
if (ret<0)
{
```

```
    printf("socket send error \r \n");
    return -1;
}

memset(buf, 0x00, MAX_BUF);
ret = recvfrom(sock_fd, buf, MAX_BUF, 0, NULL, NULL);
if (ret<0)
{
    printf("socket reveive error \r \n");
    return -1;
}
else
{
    printf("Receive: % s \\r \\n", buf);
}

#ifdef __windows__
closesocket(sock_fd);
WSACleanup();
#endif //__windows__

#ifdef __LINUX__
close(sock_fd);
#endif

return 0;
}
```

  基于 UDP 广播的客户端的实现与 UDP 单播实现流程中 socket 的创建(socket( )函数的使用)、数据的收发(recvfrom( )函数及 sendto( )函数的使用)、socket 的释放(close( )函数的使用)等相关内容是相同的,此处不再重复论述。下面仅对两个程序的不同点做进一步说明。

  (1) setsockopt(sock_fd, SOL_SOCKET, SO_BROADCAST | SO_REUSEADDR, & flag, sizeof(flag));

  调用 setsockopt( )函数,将 SO_BROADCAST 选项设置为 flag 变量的值,即为 1,这就意味着可以通过 sock_fd 套接字进行数据广播。此套接字选项值需要在广播的发送方中进行修改,接收端中不需要此修改。

  (5) 示例运行

  按照图 12 - 10 连接好计算机,先运行服务器端,再打开客户端,服务器端的运行结果分别如图 12-11 所示。

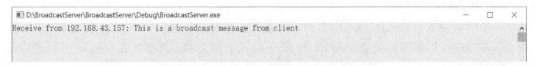

图 12-11　UDP 广播服务器端运行结果

■　实验要求

（1）基于 Windows 操作系统分别编写 UDP 广播客户端及服务器程序

请基于 UDP 实现局域网的广播客户端和服务器程序，要求如下：

① 客户端的 IP 地址为 192.168.0.1，端口号为 8888。

② 服务器端的 IP 地址为 192.168.0.2，端口号为 9999。

③ 客户端周期性向服务器发送广播消息（比如 3 秒一次），"broadcast message ［number］：where is server?"Number 的值可根据循环次数递增。

④ 服务器收到广播消息后，能够在屏幕上打印"receive broadcast message number：where is server?"，然后以单播方式回复客户端服务器的 IP 地址。

⑤ 客户端收到服务器发来的消息后，能够在屏幕上打印"receive from server：［serverIP］"。serverIP 为服务器返回的消息内容。

（2）抓包分析

采用 Wireshark 网络抓包软件分别抓取网络上的 IP 分组，对广播过程所执行的操作进行分析。

（3）撰写实验报告

完成以上实验内容，并撰写实验报告。

12.4　实验四　UDP 局域网组播

■　实验目的

（1）掌握 UDP 组播的编程方法；

（2）继续熟悉套接字选项的相关用法。

■　实验示例

（1）示例要求

编写一个简单的基于 UDP 的局域网组播程序，其网络组织拓扑如图 12-12 所示，具体要求如下：

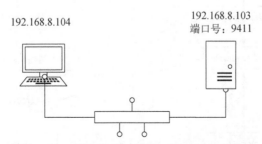

图 12-12　UDP 广播编程网络组织拓扑示意图

① 客户端的 IP 地址为 192.168.8.104,服务器端的 IP 地址为 192.168.8.103,其提供服务的端口号为 9411。

② 客户端与服务器之间通过以太网进行连接。

③ 客户端在局域网内发送组播消息,服务器属于组播接收节点,客户端成功发送后打印发送的消息。

④ 服务器接收到客户端发来的广播消息后,在屏幕上打印收到的广播信息。

(2) 基本知识

除了前面提到的单播和广播之外,组播也是网络中常用的传输方式。当服务器以组播的方式发送数据时,可以将单一数据包发送给多台主机,这些主机均为指定的组播组内的客户端,不会将数据发送给指定组播组外的客户端,从而有效地避免了广播可能带来的网络污染,提高了组播数据的安全性。

在组播中,使用同一个组播地址的所有主机构成了一个组播组,所有的数据接收者都会加入到一个组播组内,源节点发送数据时,组播组中的所有成员都能接收到数据包。组播组的成员是动态的,主机可以随时加入和离开组播组;组播组成员的数目和所在的地理位置也是不受限制的,一台主机可以属于多个组播组。

① 组播地址

和广播类似,组播通信也需要专门的 IP 地址,在 IPv4 中是 D 类 IP 地址,地址范围从 224.0.0.0～239.255.255.255。组播地址中,有一部分由官方分配,称为永久组播组。永久组播组的 IP 地址保持不变,而组中的成员以及成员数量可以发生变化。剩余的没有被保留下来供永久组播组使用的组播地址,可以被临时组播组利用。组播地址可以划分为局部链接组播地址、预留组播地址和管理权限组播地址三类。

224.0.0.0～224.0.0.255 局部链路组播地址:是预留的永久组播地址,地址 224.0.0.0 保留不分配,其他地址可作为路由协议和其他用途使用。

224.0.1.0～224.0.1.255 预留组播地址:公用组播地址,可用于 Internet,使用前需要申请。

224.0.2.0～238.255.255.255 预留组播地址:用户可用组播地址(临时组地址),全网范围内有效。

239.0.0.0～239.255.255.255 管理权限组播地址:本地管理组播地址,可供组织内部使用,类似于私有 IP 地址,不能用于 Internet,可限制组播范围。

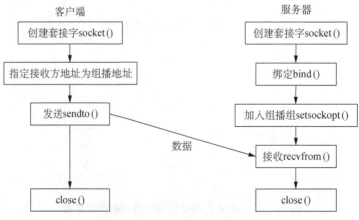

图 12 – 13　UDP 组播的工作流程

② 组播程序设计模型

基于 UDP 组播的客户端—服务器的网络编程模型如图 12 – 13 所示。局域网内的组播依靠 UDP 实现,因此,客户端和服务器端都需要创建 UDP 类型的套接字进行通信。与基本的 UDP 单播通信的差别在于,组播通信的发送方需要将接收方地址指定为组播地址,通过建立的 UDP 套接字向组播地址发送数据,而在接收端,需要将接收端加入对应的组播组,以保证接收节点能够正确接收组播消息。加入组播组的设置是通过 setsockopt( )函数修改套接字选项实现的。设置 setsockopt( )函数的第二个参数值为 IPPROTO_IP,下面说明一下第三个参数选项的含义(这里只筛选与组播相关的选项进行解释):

IP_MULTICAST_TTL

为了传递组播数据,需要设置数据分组的 TTL(Time to Live,生存周期)。TTL 的值决定了数据分组在网络中传输的距离,其取值为整数,每经过一个路由器其取值减 1,当 TTL 减为 0 时,数据就会被丢弃而不再转发。

IP_MULTICAST_LOOP

选项 IP_MULTICAST_LOOP 用于控制数据是否回送到本地的回环接口。默认情况下,当本机发送组播数据到某个网络接口时,IP 层的数据会回送到本地的回环接口。

IP_ADD_MEMBERSHIP

选项 IP_ADD_MEMBERSHIP 通过对一个结构体变量 struct ip_mreq 进行控制来实现将一个地址加入组播组。struct ip_mreq 结构体定义如下

```
struct ip_mreq
{
    struct in_addr imr_multiaddr;      /* 加入或者退出的组播组 IP 地
址 */
    struct in_addr imr_interface;      /* 加入或者退出的网络接口 IP 地
址 */
};
```

成员变量 imr_multiaddr 为组播组的 IP 地址,成员变量 imr_interface 为加入组播组的套接字所属主机的 IP 地址,也可以使用 INADDR_ANY。

IP_DROP_MEMBERSHIP

与选项 IP_ADD_MEMBERSHIP 对应,选项 IP_DROP_MEMBERSHIP 通过控制结构体变量 struct ip_mreq 实现将某个 IP 地址退出组播组。

(3) 服务器端示例程序

服务器端的完整示例代码如代码 1 所示。

示例代码 1

```
/* MulticastServer.cpp */

#define __windows__
```

```
#ifdef __windows__
#include <WinSock2.h>
#include <ws2tcpip.h>
#endif
#ifdef __LINUX__
#include <sys/types.h>/* basic system data types */
#include <sys/socket.h>/* basic socket definitions */
#include < netinet/in.h >/* sockaddr_in { } and other Internet
defns */
#include <arpa/inet.h>/* inet(3) functions */
#include <unistd.h>
#include <errno.h>
#endif

#include <stdio.h>
#include <string.h>
#include <string>

#ifdef __windows__
#pragma comment(lib, "ws2_32.mib")
#endif

int main()
{
int iRet = 0;

#ifdef __windows__
//初始化 WSA
WORD sockVersion = MAKEWORD(2, 2);
WSADATA wsaData;
if (WSAStartup(sockVersion, & wsaData) != 0)
{
    return 0;
}
#endif //__windows__

// 创建 UDP socket
int sock = socket(AF_INET, SOCK_DGRAM, 0);
```

```
sockaddr_in addr;
addr.sin_family=AF_INET;
#ifdef __windows__
addr.sin_addr.S_un.S_addr=inet_addr("192.168.8.103");
#endif
#ifdef __LINUX__
addr.sin_addr.s_addr=inet_addr("192.168.8.103");
#endif
addr.sin_port=htons(9411);

int bOptval=1;
iRet = setsockopt(sock, SOL_SOCKET, SO_REUSEADDR, (char *)&
bOptval, sizeof(bOptval));
if (iRet != 0) {
#ifdef __windows__
    printf("setsockopt fail:%d", WSAGetLastError());
#endif
#ifdef __LINUX__
    printf("setsockopt1 fail:%d\\r\\n", errno);
#endif
    return -1;
}

iRet=bind(sock, (sockaddr *)&addr, sizeof(addr));
if (iRet != 0) {
#ifdef __windows__
    printf("bind fail:%d", WSAGetLastError());
#endif
#ifdef __LINUX__
    printf("bind fail:%d\\r\\n", errno);
#endif
    return -1;
}
printf("socket:%d bind success\\n", sock);

//加入组播,这个做法是在普通的 UDP 端口上加一个组播端口
ip_mreq multiCast;
#ifdef __windows__
```

```
    multiCast.imr_interface.S_un.S_addr=inet_addr("192.168.8.103");
    multiCast.imr_multiaddr.S_un.S_addr=inet_addr("234.2.2.2");
#endif
#ifdef __LINUX__
    multiCast.imr_interface.s_addr=inet_addr("192.168.8.103");
    multiCast.imr_multiaddr.s_addr=inet_addr("234.2.2.2");
#endif
    iRet=setsockopt(sock, IPPROTO_IP, IP_ADD_MEMBERSHIP, (char * )&
multiCast, sizeof(multiCast));
    if (iRet != 0) {
#ifdef __windows__
        printf("setsockopt2 fail:%d", WSAGetLastError());
#endif
#ifdef __LINUX__
        printf("setsockopt fail:%d\r\n", errno);
#endif
        return -1;
    }

    printf("udp group start\n");

#ifdef __windows__
    int len=sizeof(struct sockaddr);
#endif
#ifdef __LINUX__
    socklen_t len=sizeof(struct sockaddr);
#endif
    char strRecv[1024]={ 0 };
    while (true)
    {
        memset(strRecv, 0, sizeof(strRecv));
        iRet=recvfrom(sock, strRecv, sizeof(strRecv) -1, 0, (sockaddr
* )&addr, &len);
        if (iRet <= 0) {
#ifdef __windows__
            printf("recvfrom fail:%d", WSAGetLastError());
#endif
#ifdef __LINUX__
            printf("recvfrom fail:%d\r\n", errno);
```

```
#endif
        return -1;
    }
    printf("recv data:% s \n", strRecv);
}
#ifdef __windows__
closesocket(sock);
WSACleanup();
#endif //__windows__


#ifdef __LINUX__
close(sock);
#endif
return 0;
}
```

基于 UDP 组播的服务器端的代码与 UDP 单播的服务器代码流程很相似,我们只针对不同的地方进行解释。

　　① iRet = setsockopt(sock, IPPROTO_IP, IP_ADD_MEMBERSHIP, (char *)& multiCast, sizeof(multiCast));

服务器作为接收方,需要经过加入组播组的过程。通过给结构体变量 ip_mreq multiCast 的成员赋值及使用 setsockopt( )函数修改套接字选项 IP_ADD_MEMBERSHIP,将服务器地址加入组播组。

（4）客户端示例程序
客户端的示例程序清单如示例代码 2 所示。
示例代码 2

```
/* MulticastClient.cpp * /


#define __windows__

#ifdef __windows__
#include <WinSock2.h>
#include <ws2tcpip.h>
#endif
#ifdef __LINUX__
#include <sys/types.h>/* basic system data types * /
#include <sys/socket.h>/* basic socket definitions * /
#include < netinet/in.h >/* sockaddr _ in { } and other Internet
defns * /
```

```
#include <arpa/inet.h>/* inet(3) functions */
#include <unistd.h>
#include <errno.h>
#endif

#include <stdio.h>
#include <string.h>
#include <string>

#ifdef __windows__
#pragma comment(lib, "ws2_32.lib")
#endif

int main()
{
int iRet = 0;
#ifdef __windows__
//初始化 WSA
WORD sockVersion = MAKEWORD(2, 2);
WSADATA wsaData;
if (WSAStartup(sockVersion, &wsaData) != 0)
{
    return 0;
}
#endif //__windows__

int sock = socket(AF_INET, SOCK_DGRAM, 0);

int iFlag = 0;     //0-同一台主机   1-跨主机
iRet = setsockopt(sock, IPPROTO_IP, IP_MULTICAST_TTL, (char *)&
iFlag, sizeof(iFlag));
if (iRet != 0) {
#ifdef __windows__
    printf("setsockopt fail:% d", WSAGetLastError());
#endif
#ifdef __LINUX__
    printf("setsockopt1 fail:% d\r\n", errno);
#endif
```

```
        return -1;
    }

    sockaddr_in addr;
#ifdef __windows__
    addr.sin_addr.S_un.S_addr=inet_addr("234.2.2.2");
#endif
#ifdef __LINUX__
    addr.sin_addr.s_addr=inet_addr("234.2.2.2");
#endif
    addr.sin_family=AF_INET;
    addr.sin_port=htons(9411);

    char strSend[1024]={ 0 };
    static int iIdx=0;
    while (1)
    {
        sprintf(strSend, "udp send group data:%d", iIdx++);
        iRet=sendto(sock, strSend, strlen(strSend)+1, 0, (sockaddr *)
&addr, sizeof(sockaddr));
        if (iRet <= 0) {
#ifdef __windows__
            printf("send fail:%d", WSAGetLastError());
#endif
#ifdef __LINUX__
            printf("send fail:%d\r\n", errno);
#endif
        }
        else {
            printf("send data:%s\n", strSend);
        }
#ifdef __windows__
        Sleep(500);
#endif // __windows__
#ifdef __LINUX__
        sleep(5);
#endif
    }
```

```
#ifdef __windows__
closesocket(sock);
WSACleanup();
#endif //__windows__

#ifdef __LINUX__
close(sock);
#endif
return 0;
}
```

客户端作为组播数据的发送方,其代码相对于接收方来说更加简单,与基本的 UDP 编程类似,只需创建 UDP 套接字,并向组播地址发送数据。其具体代码这里不再赘述,请参考实验二。

(5) 示例运行

按照图 12 - 12 配置好主机和网络后,先打开服务器端,再打开客户机端,其运行结果分别如图 12 - 14 和图 12 - 15 所示。

图 12 - 14   UDP 组播服务器端运行结果

图 12 - 15   UDP 组播客户端运行结果

■   实验要求

(1) 基于 Windows 操作系统分别编写 UDP 组播客户端及服务器程序

请基于 UDP 实现局域网的组播客户端和服务器程序,要求如下:

① 客户端的 IP 地址为 192.168.0.1,端口号为 8888。

② 两个服务器端的 IP 地址分别为 192.168.0.253 和 192.168.0.254,端口号为 9998 和 9999。

③ 服务器 1 加入组播地址 230.1.1.1,服务器 2 加入组播地址 230.2.2.2。

④ 客户端周期性向两个组播地址发送消息,"send message to multicast group 1", "send message to multicast group 2"。

⑤ 服务器收到组播消息后,能够在屏幕上打印"receive multicast message from [IP]: [message]"。IP 为客户端 IP 地址,message 为接收到的消息内容。

⑥ 服务器 1 收到 10 个组播消息后,退出组播组 1,加入组播组 2。

(2) 抓包分析

采用 Wireshark 网络抓包软件分别抓取网络上的 IP 分组,对组播过程所执行的操作进行分析。

(3) 撰写实验报告

完成以上实验内容,并撰写实验报告。

12.5 实验五 基于 select( )函数的并发编程

■ 实验目的

(1) 掌握 Windows 环境下 select( )函数的使用方法;

(2) 掌握网络并发编程的基本方法;

(3) 熟悉程序调试的方法。

■ 实验示例

(1) 示例要求

采用客户端—服务器的网络编程模型,编写一个简单的基于 TCP 连接的,同时监听多个端口的服务器端程序,其网络组织拓扑如图 12-16 所示,具体要求如下:

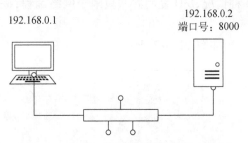

192.168.0.1

192.168.0.2
端口号:8000

图 12-16 TCP 编程网络组织拓扑示意图

① 客户端的 IP 地址为 192.168.0.1,服务器端的 IP 地址为 192.168.0.2,其守听端口号为 8000。

② 客户端与服务器之间通过以太网进行连接。

③ 服务器接收到客户端发来的消息后,为每个连接新创建一个 socket,同时对这个端口号进行监听,如果接收到来自这个连接 socket 的信息,则在屏幕上打印出指定连接的信息。

④ 在客户端会同时运行多个程序,每个程序会与服务器端保持长时间的连接。

⑤ 各客户端与服务器端采用异步方式进行通信,要求服务器端可"同时"处理来自多个连接的请求。

(2) 基本知识

在实验一 TCP 编程实例中,对于每个服务请求的处理,我们采用的是串行的处理方式,即服务器端接收到一个基于 TCP 的服务连接请求后,会为这个连接请求创建一个新的 socket,然后基于此 socket 与客户端完成通信。当此客户端的服务请求没有完成时,服务器程序不会处理网络上其他客户端的服务连接接请求,即其他连接请求会处于等待处理状态。

当客户端与服务器端的服务交互时间比较短且服务的接入速率比较低的情况下,采用这种编程模式是一种比较简单可行的方法。但是,出现本实验要求的情况,如果每个客户端需要服务器端提供长时间的服务,且发起的连接请求的速度比较快,采用这种串行处理的编程模式会给用户带来很差的服务体验感。例如,网络上很多用户登录同一个服务器下载文件,如果采用串行处理的方式,则只有在一个用户下载完成之后才可以服务另外一个用户。这样,不但服务器端的计算资源得不到充分的利用(如 CPU),而且对于等待的用户而言,这样的服务也是无法接受的。

对于这种情况,常用的编程模式是采用 I/O 复用的方式。主要是通过 select( )函数来实现的。下面,我们首先总结一下在网络编程中使用 I/O 复用的场景,然后重点介绍一下 select 的使用方法。

I/O 复用典型的使用场景如下:

① 当程序需要处理多个描述符(通常是交互式输入和网络套接字)时,必须使用 I/O 复用。

② 如果一个 TCP 服务器既要处理监听套接字,又要处理已经建立连接的套接字时,一般要使用 I/O 复用(当然还有别的方法,我们将在下一个实验中介绍)。

③ 如果一个服务器既要处理 TCP,又要处理 UDP,一般要使用 I/O 复用。

④ 如果一个服务器要处理多个服务或者多个协议,一般要使用 I/O 复用。

读者要特别注意第 4 种情况,I/O 复用并非只限于网络编程,许多重要的应用程序也需要使用这项技术。

select( )函数的工作原理如图 12 – 17 所示。

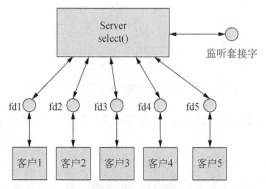

图 12 – 17　TCP 编程网络组织拓扑示意图

无论是在 Windows 操作系统下,还是在 Linux 操作系统下,socket 都可以看成是一个文件描述符(或者叫一个对象 ID),select( )函数的作用就是监听这些描述符的状态,如果这些描述符中某一个或多个的状态发生了变化(就绪),则 select( )函数就会返回。下面对 select( )函数作详细介绍。

```
int select (int maxfdp, fd_set * readfds, fd_set * writefds,
          fd_set * errorfds, const struct timeval * timeout);
```

① 返回值:若有就绪的描述符,则返回值表示其就绪的数目;如果在指定的等待时间内没有描述符就绪,则返回 0;如果函数出错,则返回-1。

② 参数说明:

struct fd_set

可以理解为一个集合,这个集合中存放的是文件描述符(file descriptor),即文件句柄。如前所述,在 Linux 操作系统下,任何的设备、管道、FIFO 等都是以文件的形式进行管理的,可以这样说,一个 socket 就是一个文件,socket 句柄就是一个文件描述符。在 Windows 操作系统下,也具有相同的含义。

fd_set 集合可以通过一些宏进行操作,比如清空集合 FD_ZERO(fd_set *),将一个给定的文件描述符加入集合之中[FD_SET(int, fd_set *)],将一个给定的文件描述符从集合中删除[FD_CLR(int, fd_set *)],检查集合中指定的文件描述符是否可以读写[FD_ISSET(int, fd_set *)]。具体的在下面的程序示例中将会看到。

struct timeval

用来代表时间值,它告知操作系统内核,等待所指定的描述符中的任何一个就绪可花多长时间。其中 timeval 结构用于指定这段时间的秒数和微秒数。其结构如下:

```
struct timeval {
      long    tv_sec;         /* seconds */
      long    tv_usec;        /* and microseconds */
};
```

这个参数有以下三种可能:

一是永远等下去:仅在有(一个)描述符准备好 I/O 时才返回。此时,我们需要把此参数设为空指针。

二是等待一段固定时间:在不超过由该参数所指向的 timeval 结构中所指定的秒数及微秒数所规定的时间段内,有(一个)描述符准备好 I/O 时返回。

三是根本不等:这种方式有点类似于轮询操作。此时该参数必须指向一个 timeval 结构,且此结构中的数及微秒数的值均为 0。

timeout 参数的 const 限定词表示它在函数返回时不会被 select( )函数修改。例如,我们指定一个 10 s 的超时值,但在定时器到时之前就返回了,在这种情况下,timeout 参数所指向的 timeval 结构中的值不会被更新成函数返回时剩余的秒数。

fd_set * readfds

这是指向 fd_set 结构的指针,我们要监视这些文件描述符的读变化,即我们关心的是是否可以从这些文件中读取数据了,如果这个集合中有一个文件可读,select 就会返回一个大于 0 的值,表示可读取的文件数量;如果没有可读的文件,则根据 timeout 参数再判断是否超时,若超出 timeout 的时间,select 返回 0。若发生错误返回负值。这个参数也可以被赋予 NULL 值,表示不关心任何文件的读变化。

```
fd_set * writefds
```

这是指向 fd_set 结构的指针,我们是要监视这些文件描述符的写变化的,即我们关心是否可以向这些文件中写入数据了,如果这个集合中有一个文件可写,select 就会返回一个大于 0 的值,表示可写入的文件数量,如果没有可写的文件,则根据 timeout 参数再判断是否超时,若超出 timeout 的时间,select 返回 0,若发生错误返回负值。这个参数也可以传入 NULL 值,表示不关心任何文件的写变化。

```
fe_set * errorfds
```

同上面两个参数一样,用来监视文件错误异常。

```
int maxfdp
```

这是一个整数值,是指集合中所有文件描述符的范围,即所有文件描述符的最大值加 1。

另外需要注意的是,当所监测的集合有条件得到满足,该函数返回时,我们会使用 FD_ISSET 宏来测试 fd_set 数据类型中的描述符。描述符集内任何与未就绪描述符对应的位返回时均清 0。为此,每次重新调用 select()函数时,都必须再次把所有描述符集内所关心的位置为 1。

③ 读描述符就绪条件

a. 该套接字接收缓冲区中的数据字节数大于等于套接字接收缓冲区低水位标记的当前大小。对这样的套接字不会阻塞并返回一个大于 0 的值。对于 TCP 或 UDP 而言,其默认值为 1,当然,我们也可以通过 SO_RCVLOWAT 套接字选项进行设置。

b. 该连接的读半部关闭(也就是接收了 FIN 的 TCP 连接)。对这样的套接字的读操作将不阻塞并返回 0。

c. 该套接字是一个监听套接字,且已完成的连接数不为 0。对这样的套接字执行 accept 操作一般不会阻塞。

d. 有一个套接字错误需要处理。即监听的套接字出现了错误,对这样的套接字进行读操作不会阻塞并返回-1。

④ 写操作符就绪条件

a. 该套接字发送缓冲区中的可用空间字节数大于等于套接字发送缓冲区低水位标记的大小。对于 TCP 和 UDP 套接字而言,其默认值为 2048。

b. 有一个套接字错误需要处理。对这样的套接字进行写操作不会阻塞并返回-1。

⑤ 异常操作符就绪条件

如果一个套接字存在带外数据或者仍处理带外标记,则它有异常条件待处理。

(3) 并发服务器端示例程序

服务器端的完整示例代码如代码 1 所示。

示例代码 1

```cpp
/* SelectTcpServer.cpp */


#define __windows__
```

```
#ifdef __windows__
#include <WinSock2.h>
#endif
#ifdef __LINUX__
#include <sys/types.h>/* basic system data types */
#include <sys/socket.h>/* basic socket definitions */
#include < netinet/in.h >/* sockaddr_in { } and other Internet
defns */
#include <arpa/inet.h>/* inet(3) functions */
#include <unistd.h>
#endif
#include <stdio.h>
#include <string.h>
#ifdef __windows__
#pragma comment(lib, "ws2_32.lib")
#endif

#define      MAXLINE (1024)
#define      ServerPort (8000)

int main(int argc, char **argv)
{
int              i, maxi, maxfd, listenfd, connfd, sockfd;
int              nready, client[FD_SETSIZE];
int              n;
fd_set           rset, allset;
char             buf[MAXLINE];
struct sockaddr_in cliaddr, servaddr;

int              flag=-1;
#ifdef __windows__
// 初始化 WSA
WORD sockVersion=MAKEWORD(2, 2);
WSADATA wsaData;
if (WSAStartup(sockVersion, &wsaData) != 0)
{
    return 0;
}
```

```
#endif

// 创建一个 TCP socket
listenfd = socket(AF_INET, SOCK_STREAM, 0);
if (listenfd<0)
{
    printf("socket create error\r\n");
    return -1;
}

// 初始化服务器端地址
memset(&servaddr, 0x00, sizeof(struct sockaddr_in));
servaddr.sin_family = AF_INET;
servaddr.sin_addr.s_addr = htonl(INADDR_ANY);
servaddr.sin_port = htons(ServerPort);

flag = bind(listenfd, (struct sockaddr *) & servaddr, sizeof
(servaddr));
    if (flag<0) {
        printf("socket bind error\r\n");
        return -1;
    }

// 设置服务器的 socket 状态为 TCP 被动接收状态
flag = listen(listenfd, 10);
if (flag<0) {
    printf("socket listen error\r\n");
    return -1;
}

// 初始化监听集合
maxfd = listenfd;              /* initialize */
maxi = -1;                     /* index into client[] array */
for (i = 0; i<FD_SETSIZE; i++)
{
    client[i] = -1;            /* -1 indicates available entry */
}
FD_ZERO(&allset);
```

```
    FD_SET(listenfd,&allset);

    for (;;)
    {
        //开始监听,此处用的是一直等
        rset=allset;
        nready=select(maxfd+1,&rset,NULL,NULL,NULL);

#ifdef __windows__
        int        clilen;
#endif
#ifdef __linux__
        socklen_t        clilen;
#endif
        //判断发生事件的socket
        if (FD_ISSET(listenfd,&rset)) {
            //如果是listenfd发生动作,则说明有新的联接接入
            clilen=sizeof(cliaddr);
            connfd=accept(listenfd,(struct sockaddr *)&cliaddr,&
clilen);
            if (connfd<0) {
                printf("connfd maybe error");
                continue;
            }
            //将新联入的connfd存入数组
            for (i=0; i<FD_SETSIZE; i++)
            {
                if (client[i]<0) {
                    client[i]=connfd;/* save descriptor */
                    break;
                }
            }
            if (i == FD_SETSIZE) {
                printf("too many clients\r\n");
#ifdef __windows
                closesocket(connfd);
#endif
#ifdef __linux__
```

```
            close(connfd);
#endif
            continue;
        }

        //将新的 socket 放入监听集合,并调整最大值
        FD_SET(connfd, & allset);   /* add new descriptor to set */
        if (connfd > maxfd) {
            maxfd = connfd;              /* for select */
        }
if (i > maxi) {
            maxi = i;                /* max index in client[] array */
        }
        //判断是否需要继续扫描
        if (-nready <= 0) {
            continue;                /* no more readable descriptors */
        }
    }
    //扫描各 socket,看是否有数据发过来
    for (i = 0; i <= maxi; i++) {
        /* check all clients for data */
        if ((sockfd = client[i]) < 0) {
            continue;
        }
        if (FD_ISSET(sockfd, & rset)) {
            if ((n = recv(sockfd, buf, MAXLINE, 0)) == 0) {
#ifdef __windows
            closesocket(connfd);
#endif
#ifdef __linux__
            close(connfd);
#endif
            FD_CLR(sockfd, & allset);
            client[i] = -1;
        }
        else {
            send(sockfd, buf, n, 0);
        }
```

```
        if (-nready <= 0) {
            break;              /* no more readable descriptors */
        }
    }
}


//重置扫描集合
FD_SET(listenfd, & allset);
for (i = 0; i <= maxi; i++)
{/* check all clients for data */
            if ((sockfd=client[i])<0) {
        continue;
    }
    FD_SET(sockfd, & allset);
}
}
}
```

在本示例中，关于 TCP 的创建及关闭部分的代码，不作介绍，请读者参见实验一。下面对程序中的关于并发操作的语句进行分析。

① 构建 select( )函数的监听集合。

```
FD_ZERO(& allset);
FD_SET(listenfd, & allset);
```

首先调用 FD_ZERO 宏清空监听集合，完成指定数据结构的初始化工作。本程序负责对两类套接字进行监听，一类是监听套接字 listenfd，一类是连接套接字。程序运行到此，只创建完成了监听套接字，并通过 FD_SET 宏加入监听集合。

② 开始监听集合

监听集合的操作是通过一个 for 循环实现的。下面分析其中的主要语句。

```
nready = select(maxfd+1, & rset, NULL, NULL, NULL);
```

在程序中，只监听了读集合，因此其他两个集合传入的指针为空。同时，本函数的等待时长参数也为空，说明如果所监听的集合没有套接字就绪，则此函数会一直等下去。

③ 当 select( )函数返回时，对就绪的套接字进行检查。

```
if (FD_ISSET(listenfd, & rset)) {};
```

当 select( )函数的返回值大于 0 时，说明集合中有读就绪的套接字，其返回值为就绪的个数。此时通过宏 FD_ISSET 进行判断。

首先判断是否是监听套接字，如果是监听套接字就绪了，说明至少有一个接入连接请求存在。因此，调用 accept( )函数，完成 TCP 的连接建立并返回为此连接新创建的套接字，并将新创建的连接套接字放入读监听集合。

然后判断是否是连接套接字。如果是连接套接字就绪了,说明有数据发送给服务器,此时通过循环的方式,通过宏 FD_ISSET 判断是哪一个套接字读就绪,找到后,则从此套接字中读取数据,并根据读取数据的情况作对应的操作。

④ 恢复监听集合

当就绪的套接字处理完毕后,需要恢复监听的集合。恢复工作的操作与添加相同,是通过调用宏 FD_ISSET 完成的。

为了保证正确的恢复监听集合,在程序中还用到了一些辅助的数据结构,此处不再分析。

需要注意的一个问题是,对于 select( )函数而言,一个集合所包含的最大描述符数是有限制的,其最大数目是通过 FD_SETSIZE 定义的。在本示例程序中,最多只能对 FD_SETSIZE 个套接字进行监测。

如果需要监测的套接字超过 FD_SETSIZE 个怎么办? 可以思考一下,能否用轮询机制和等待时长相结合的办法?

(4)客户端示例程序

客户端的示例程序同实验一的客户端。

■ 实验要求

(1)基于 Windows 操作系统分别编写 TCP 客户端及服务器程序

请基于 TCP 编写客户端—服务器程序,要求如下:

① 客户端的 IP 地址为 192.168.0.10,端口号为 8000。

② 服务器端的 IP 地址为 192.168.0.1,端口号为 10000。

③ 客户端与服务器建立连接后,会向服务器随机发送 0~9 中的任意一个数字,连续发送 10 个,发送间隔为 1 s,发送完毕后,则关闭连接。

④ 当服务器端收到客户端发来的数字后,需在屏幕上打印出客户的 IP 地址、端口号及所收到的数字。

⑤ 服务器端采用 select( )函数编写。

(2)撰写实验报告

完成以上实验内容,并撰写实验报告。

12.6　实验六　基于 fork( )函数的并发编程

■ 实验目的

(1)掌握 Linux 环境下 fork( )函数的使用方法;

(2)掌握基于多进程的网络并发编程的基本方法;

(3)熟悉程序调试的方法。

■ 实验示例

(1)示例要求

采用客户端—服务器的网络编程模型,编写一个简单的基于 TCP 连接的,同时监听多个端口的服务器端程序,其网络组织拓扑如图 12-18 所示,具体要求如下:

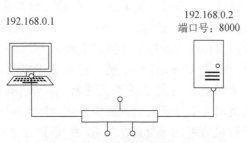

192.168.0.1

192.168.0.2
端口号：8000

图 12-18　TCP 编程网络组织拓扑示意图

① 客户端的 IP 地址为 192.168.0.1,服务器端的 IP 地址为 192.168.0.2,其守听端口号为 8000。

② 客户端与服务器之间通过以太网进行连接。

③ 服务器接收到客户端发来的消息后,为每个连接新创建一个 socket,同时对这个端口号进行监听,如果接收到来自这个连接 socket 的信息,则在屏幕上打印出指定连接的信息。

④ 在客户端会同时运用多个程序,每个程序会与服务器端保持长时间的连接。

⑤ 各客户端与服务器端采用异步方式进行通信,要求服务器端可"同时"处理来自多个连接的请求。

（2）基本知识

Linux 操作系统提供了另外一种实现网络并发编程的方法,即通过 fork( )函数。fork( )函数是 Linux 操作系统下特有的函数,在 Windows 操作系统下并没有此名字的 API。它是一个非常有趣的函数,对它的一种常用的、有趣的,也是非常让人感到迷惑的描述方式是"本函数调用一次,返回两次"。传统的函数,一次调用,只会返回一次,为什么 fork( )函数会返回两次?

fork( )函数的原型很简单:

```
int fork();
```

下面,我们首先介绍 fork( )函数的基本工作原理,然后通过程序示例的方式介绍在 Linux 操作系统下,通过 fork( )函数实现并发网络编程的方法。

大家都知道,现代操作系统是一种多任务的操作系统,在任一时刻,可以同时运行多个程序。你可以一边写文档,一边听音乐。那么操作系统是如何完成对当前进程的管理呢?传统的做法是操作系统通过进程控制块(PCB)来完成的。

所谓进程控制块,是一个复杂的数据结构,它包含了用于描述当前进程所需要的系统资源、进程的状态、进程切换时需要保存的现场(如进程在运行时用到的各种寄存器的值)等等。可以不严格地讲,当前操作系统中 PCB 的数目,就代表了当前有多少个进程在运行。

当 fork( )函数被调用时,它会做这样的一个操作,把当前调用它进程的 PCB 数据块复制一份,同时修改新创建的 PCB 数据块的进程 ID 号(PID),并将此 PCB 数据块加入到操作系统的调度队列中。通过上述表述,读者也可以看出,fork( )函数的主要功能是创建了一个新的进程,这个进程与父进程[调用 fork( )函数的进程]的运行现场完全一样,唯一的区别是进程 ID 号与父进程不同。

注意,上述操作是在 fork( )函数中完成的,此时 fork( )函数并没有返回。我们再看当前的父进程与子进程的运行情况。父进程调用了 fork( ) 函数,准备返回。子进程的 PCB 是父进程的复制品,其当前的运行状态同样是调用了 fork( ) 函数,准备返回(因为子进程是完全复制了父进程的工作现场)。所以,当操作系统将父进程的 PCB 设为活动态,即执行此进程时,fork( ) 函数会返回一次。根据 Linux 操作系统的进程管理机制,父进程可以对子进程进行管理控制,此时 fork( ) 函数返回的是子进程的进程 ID 号。同样,子进程继续执行时,fork( ) 函数也会返回一次,此时 fork( ) 函数的返回值为 0。由于 fork( ) 函数创建的进程 ID 号不会为 0,因此可以通过返回值判断此函数是在父进程中返回还是在子进程中返回。例如:

```
If ( 0 = = fork ( ) )
{
cout << "子进程" <<endl;
}
else
{
cout <<"父进程" << endl;
}
```

上述就是为什么 fork( ) 函数"调用一次,返回两次"的原因。通过对 fork( ) 函数工作原理的描述,我们也可以看出利用 fork( ) 函数实现网络并发编程的基本思想是通过多进程的方式实现,即为每一个网络服务创建一个新的进程。下面我们通过程序实例对这种编程模式详细分析。

(3) 并发服务器端示例程序

服务器端的完整示例代码如代码 1 所示。

示例代码 1

```c
#include  <sys/types.h>  /* basic system data types */
#include  <sys/socket.h>  /* basic socket definitions */
#include  <netinet/in.h>  /* sockaddr_in{} and other Internet defns */
#include  <arpa/inet.h>  /* inet(3) functions */
#include  <stdio.h>
#include  <string.h>
#include  <unistd.h>
#include  <errno.h>

int main(int argc, char **argv)
{
int        listenfd, connfd;
pid_t      childpid;
socklen_t   clilen;
```

```
struct sockaddr_in      cliaddr, servaddr;
void                    sig_chld(int);
int                     flag=-1;

listenfd=socket(AF_INET, SOCK_STREAM, 0);

bzero(&servaddr, sizeof(servaddr));
servaddr.sin_family      = AF_INET;
servaddr.sin_addr.s_addr =htonl(INADDR_ANY);
servaddr.sin_port        = htons(9999);

flag=bind(listenfd, (const struct sockaddr *) &servaddr, sizeof
(servaddr));
    if ( flag<0 ) {
        printf("socket bind error \\r \\n");
    }

    flag=listen(listenfd, 10);
    if ( flag<0 ) {
        printf("socket listen error \\r \\n");
    }

    for (; ;)
    {
        clilen=sizeof(cliaddr);
        if ( (connfd=accept(listenfd, (struct sockaddr *) &cliaddr, &
clilen))<0) {
            if (errno == EINTR) {
                continue;   /* back to for() */
            } else {
                printf("accept error \\r \\n");
                break;
            }
        }

        if ( (childpid=fork()) == 0) {/* child process */
            close(listenfd);/* close listening socket */
            printf("receive a request childfd is % d\\r \\n", connfd);/*
process the request */
```

```
            close(connfd);
            return 1;
    }
    close(connfd);      /* parent closes connected socket */
}
}
```

在本示例中,关于 TCP 的创建及关闭部分的代码不作介绍,请读者参见实验一。下面对程序中关于并发操作的语句进行分析。对应的代码是示例中加粗的部分。

在调用 fork() 函数后,会对 fork() 函数的返回值做判断。这里需要注意的是,如果在子进程中返回,则关闭了监听 socket(listenfd)。如果在父进程中返回,则关闭了为新连接创建的 socket(connfd)。为什么要执行这样的操作,下面进行详细分析,同时将相关的语句摘录如下。

(1) connfd = accept (listenfd, (struct sockaddr *) & cliaddr, & clilen)

在 accept() 函数返回前,客户端与服务器端的 socket 状态情况如图 12-19 所示:

图 12-19 accept 返回前客户/服务器的状态

当服务器程序运行后,它会阻塞在 accept() 函数处,在 listenfd 套接字上守听,等待网络上客户机的接入。此时服务器进程中只有一个 listenfd 套接字资源。

当 accept() 函数返回后,说明 TCP 的连接建立过程已经完成,同时 accept() 函数会为此连接新创建一个专属 socket,以完成与客户机之间的通信。其示意图如图 12-20 所示。

图 12-20 accept() 函数返回后客户/服务器状态

(2) childpid = fork()

根据程序代码,下一步执行的是 fork() 函数,根据前面的介绍,fork() 函数的作用是依照父进程创建出一个完全一样的子进程,与父进程的唯一区别是进程 ID 号不同。当 fork() 函数返回后,当前客户机与服务器的状态如图 12-21 所示。

此时,listenfd 与 connfd 这两个 socket 在父进程与子进程之间是共享的。按照 Linux 操作系统的资源管理机制,对 listenfd、connfd 这两个描述符的引用次数会加 1。从这两个 socket 所担负的功能来看,listenfd 用于完成对接入连接请求的监听,而 connfd 用于完成已经建立连接的客户端程序与服务器端程序之间基于 TCP 的通信。从操作系统的角度看,两个进程相当于逻辑上两台独立的计算机,在父进程中是用不到 connfd 的,同样在子进程中也用不到 connfd。因此,在程序的后续执行过程中,分别释放了无关的资源。即在父进程(连接监听进程)中关闭了 connfd,在子进程(与客户通信进程)中关闭了 listenfd。最终的状态如图12－22 所示。

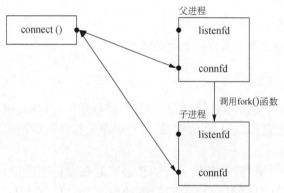

图 12－21　fork( )函数返回后客户/服务器的状态

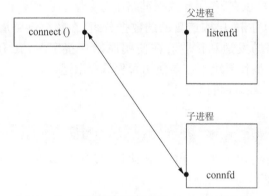

图 12－22　父子进程关闭对应 socket 后的状态

　　需要说明的是,当父、子进程分别关闭对应的 socket 后,只是会使该 socket 的引用次数减 1,在 socket 的引用次数没有减到 0 的情况下,是不会真正的关闭 socket 并释放系统资源的,因此在父进程中关闭 connfd 并不会影响子进程的通信,反之亦然。

■　实验要求

(1) 基于 Linux 操作系统分别编写 TCP 客户端及服务器程序

　　请基于 TCP 编写客户端—服务器程序,要求如下:

　　① 客户端的 IP 地址为 192.168.0.10,端口号为 8000。

　　② 服务器端的 IP 地址为 192.168.0.1,端口号为 10000。

　　③ 客户端与服务器建立连接后,会向服务器随机发送 0~9 中的任意一个数字,连续发送 10 个,发送间隔为 1 s,发送完毕后,则关闭连接。

　　④ 当服务器端收到客户端发来的数字后,需在屏幕上打印出客户的 IP 地址、端口号及所收到的数字。

　　⑤ 服务器端采用 fork( )函数编写。

（2）撰写实验报告

完成以上实验内容，并撰写实验报告。

12.7 实验七 raw socket 编程

■ 实验目的

（1）掌握原始套接字编程方法；

（2）理解使用原始套接字捕获数据报的流程。

■ 实验示例

（1）示例要求

编写一个简单的基于原始套接字的 IP 数据报捕获程序，具体要求为：通过原始套接字，捕获所有发送到本机指定接口的 IP 数据报，并在屏幕上打印数据报的源 IP 地址和长度。

（2）基本知识

在开发 TCP 和 UDP 程序时，我们关心的核心问题在数据字段，对分组首部操作的空间非常受限，只能使用 API 已经开放给我们的诸如源、目的 IP，源、目的端口等参数，而对于 TCP、UDP 的其他首部字段，以及 IP 首部和 MAC 首部却无能为力。

原始套接字让我们可以在 IP 层和数据链路层对套接字进行编程，不仅可以改变常用协议的首部字段值，还可以在 IP 层构造自己的数据分组，在数据链路层构造自己的 MAC 帧，并实现这类自定义数据的发送和接收。在使用原始套接字时，在 Linux 系统下需要获得 ROOT 权限，在 Windows 操作系统下需要使用管理员权限运行。

根据网络分层模型，socket 可以分为 3 种。

① 运输层 socket

```
sockfd=socket(AF_INET,SOCK_STREAM/SOCK_DGRAM, protocol);
```

这是最常用的 socket，用于 TCP 和 UDP 协议，发送和接收的数据都不包含 UDP 头或 TCP 头，使用 IP 地址+端口号作为地址。

② 网络层 socket

```
sockfd=socket(PF_INET, SOCK_RAW, protocol);
```

网络层原始套接字，发送数据可以使用 setsockopt[sockfd, IPPROTO_IP, IP_HDRINCL, & flag, sizeof(int)]指明是否由作者自己填充 IP 头，接收的数据中包含 IP 头。

第 2 个参数说明建立的是一个 raw socket，参数 protocol 用来指明所要接收的协议号。

网络层 raw socket 可以接收协议类型为 ICMP、IGMP 等发往本机 IP 的数据包，不能收到非发往本地 IP 的数据包，不能收到从本机发送出去的数据包，发送时需要自己组织 TCP、UDP、ICMP 等协议首部，可以通过 setsockopt 来设置自己包装的 IP 首部，接收的 UDP 和 TCP 协议号的数据不会传给任何原始套接字接口，UDP 和 TCP 协议的数据需要通过 MAC 层原始套接字来获得。

③ MAC 层 socket

```
sockfd=socket(PF_PACKET, SOCK_RAW, htons(ETH_P_IP/ETH_P_ARP/ETH_
P_ALL))
```

数据链路层原始套接字，发送和接收数据使用 MAC 地址，可以在 MAC 层发送和接收任意的数据,如果有上层协议需要自行添加协议头。

第 3 个参数 protocol 协议类型一共有 4 个,意义如下:

- ETH_P_IP 0x800:只接收发往本机 MAC 的 IP 类型的数据帧;
- ETH_P_ARP 0x806:只接收发往本机 MAC 的 ARP 类型的数据帧;
- ETH_P_ARP 0x8035:只接收发往本机 MAC 的 RARP 类型的数据帧;
- ETH_P_ALL 0x3:接收发往本机 MAC 的所有类型(IP、ARP、RARP)的数据帧, 接收从本机发出的所有类型的数据帧(混杂模式打开的情况下,会接收到非发往本地 MAC 的数据帧)。

MAC 层 socket 可以接收发往本地 MAC 的数据帧,可以接收从本机发送出去的数据帧(第 3 个参数需要设置为 ETH_P_ALL),可以接收非发往本地 MAC 的数据帧(网卡需要设置为混杂模式)。需要注意的是,此功能只在 Linux 操作系统下有效,Windows 的 socket 禁止在应用层构造 MAC 帧,虽然应用层提供了 raw socket,但是这里的 raw socket 只支持自定义 IP 层以上的数据包。

(3) 示例程序

IP 数据报捕获程序的完整示例代码如代码 1 所示。

示例代码 1

```
#define __windows__

#ifdef __windows__
#define _WINSOCK_DEPRECATED_NO_WARNINGS
#define _CRT_SECURE_NO_WARNINGS
#include <WinSock2.h>
#include <mstcpip.h>
#endif
#ifdef __LINUX__
#include <sys/types.h>/* basic system data types */
#include <sys/socket.h>/* basic socket definitions */
#include <sys/ioctl.h>
#include < netinet/in.h >/* sockaddr _ in { } and other Internet
defns */
#include <arpa/inet.h>/* inet(3) functions */
#include <linux/if_ether.h>
#include <unistd.h>
#include <netdb.h>
#include <errno.h>
#endif
#include <stdio.h>
#include <string.h>
```

```
#ifdef __windows__
#pragma comment(lib, "ws2_32.lib")
#endif

//定义默认的缓冲区长度和端口号
#define DEFAULT_BUFLEN 65535
#define DEFAULT_NAMELEN 512

int main()
{
#ifdef __windows__
//初始化 WSA
WORD sockVersion = MAKEWORD(2, 2);
WSADATA wsaData;
if (WSAStartup(sockVersion, &wsaData) != 0)
{
    return 0;
}
#endif

int SnifferSocket = -1;
char recvbuf[DEFAULT_BUFLEN];
int iResult;
int recvbuflen = DEFAULT_BUFLEN;
struct hostent *local;
char HostName[DEFAULT_NAMELEN];
struct in_addr addr;
struct sockaddr_in LocalAddr, RemoteAddr;
#ifdef __windows__
int addrlen = sizeof(struct sockaddr_in);
#endif
#ifdef __LINUX__
socklen_t addrlen = sizeof(struct sockaddr);
#endif

int in = 0, i = 0;
unsigned long dwBufferLen[10];
unsigned long Optval = 1;
```

```
unsigned long dwBytesReturned=0;

//创建原始套接字
printf("\\n 创建原始套接字...");
#ifdef __windows__
SnifferSocket=socket(AF_INET, SOCK_RAW, IPPROTO_IP);
#endif
#ifdef __LINUX__
SnifferSocket=socket(AF_INET, SOCK_RAW, htons(ETH_P_IP));
#endif
if (SnifferSocket = = -1)
{
#ifdef __windows__
    printf("socket failed with error: % d\\n", WSAGetLastError());
    WSACleanup();
#endif
#ifdef __LINUX__
    printf("socket failed with error: % d\\r\\n", errno);
#endif
    return 1;
}
//获取本机名称
memset(HostName, 0, DEFAULT_NAMELEN);
iResult=gethostname(HostName, sizeof(HostName));
if (iResult = = -1)
{
#ifdef __windows__
        printf("gethostname failed with error: % d\\n",
        WSAGetLastError());
        WSACleanup();
#endif
#ifdef __LINUX__
    printf("gethostname failed with error: % d\\n", errno);
#endif
    return 1;
}

//获取本机可用 IP
```

```
    local = gethostbyname (HostName);
    printf("\\n 本机可用的 IP 地址为：\\n");
    if (local = = NULL)
    {
#ifdef __windows__
        printf ( " gethostbyname failed with error: % ld \ \ n ",
WSAGetLastError ());
        WSACleanup ();
#endif
#ifdef __LINUX__
        printf("gethostbyname failed with error: % d\\n", errno);
#endif
    }

    while (local->h_addr_list [i] != 0)
    {
        addr.s_addr = * (u_long * )local->h_addr_list [i++];
        printf("\\tIP Address #% d: % s \\n", i, inet_ntoa(addr));
    }

    printf("\\n 请选择捕获数据待使用的接口号：");
    scanf("% d", & in);

    memset (& LocalAddr, 0, sizeof (LocalAddr));
#ifdef __windows__
    memcpy (& LocalAddr.sin_addr.S_un.S_addr,        local->h_addr_
list [in       -       1], sizeof (LocalAddr.sin_addr.S_un.S_addr));
    #endif
    #ifdef __LINUX__
    memcpy (& LocalAddr.sin_addr.s_addr, local->h_addr_list [in-1],
sizeof (LocalAddr.sin_addr.s_addr));
    #endif
    LocalAddr.sin_family = AF_INET;
    LocalAddr.sin_port = 0;

    //绑定本地地址
    iResult = bind (SnifferSocket, (struct sockaddr * ) & LocalAddr,
sizeof (LocalAddr));
```

```
    if (iResult = = -1)
    {
#ifdef __windows__
        printf("bind failed with error: % d \\n", WSAGetLastError());
        closesocket(SnifferSocket);
        WSACleanup();
#endif
#ifdef __LINUX__
        printf("bind failed with error: % d \\n", errno);
#endif

        return 1;
    }
    printf(" \\n 成功绑定套接字和#% d 号接口地址", in);

    // 设置套接字接收命令
#ifdef __windows__
    iResult = WSAIoctl (SnifferSocket, SIO _RCVALL, & Optval, sizeof
(Optval), & dwBufferLen, sizeof (dwBufferLen), & dwBytesReturned,
NULL, NULL);
    if (iResult = = SOCKET_ERROR)
    {
        printf("WSAIoctl failed with error: % d \\n", WSAGetLastError
());
        closesocket(SnifferSocket);
        WSACleanup();
    }
#endif

    // 开始接收数据
    printf(" \\n 开始接收数据");
    do
    {
        // 接收数据
        iResult = recvfrom(SnifferSocket, recvbuf, DEFAULT_BUFLEN, 0,
(struct sockaddr *)& RemoteAddr, & addrlen);
        if (iResult > 0)
            printf (" \\n 接收到来自% s 的数据包,长度为% d.", inet _ntoa
(RemoteAddr.sin_addr), iResult);
```

```
            else
#ifdef __windows__
              printf ( " recvfrom  failed  with  error: % d \ \ n ",
WSAGetLastError());
#endif
#ifdef __LINUX__
    printf("recvfrom failed with error: % d \\n", errno);
#endif


} while (iResult > 0);
return 0;
}
```

基于原始套接字的分组捕获代码与前面的单播编程实验接收方处理流程很类似,主要差别在于套接字的创建。

(1) SnifferSocket = socket(AF_INET, SOCK_RAW, IPPROTO_IP);

建立套接字时,需要通过 SOCK_RAW 选项建立原始套接字,并通过 IPPROTO_IP 选项指明这是网络层原始套接字,可以接收 IP 数据报。

(2) iResult = WSAIoctl(SnifferSocket, SIO_RCVALL, & Optval, sizeof (Optval), & dwBufferLen, sizeof (dwBufferLen), & dwBytesReturned, NULL, NULL)

通过 WSAIoctl(Linux 下为 ioctl) 函数设置套接字的行为,使用 SIO_RCVALL 参数使得原始套接字可以接收所有的数据分组。

(4) 示例运行

分组捕获程序运行结果,如图 12 - 23 所示。

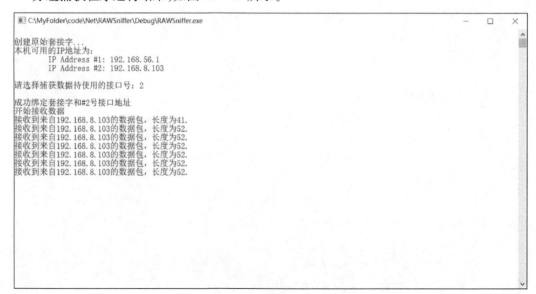

图 12 - 23　分组捕获程序运行结果

■　实验要求

（1）基于 Windows 操作系统编写 ping 程序

请基于原始套接字程序编写简单的 ping 程序，要求如下：

① 能够自行封装 ICMP 分组发送至目的主机。

② 能够接收目的主机的回应，在屏幕打印目的主机 IP 地址和往返时延。

（2）抓包分析

采用 Wireshark 网络抓包软件分别抓取网络上的分组，对 ICMP 分组进行分析。

（3）撰写实验报告

完成以上实验内容，并撰写实验报告。

参 考 文 献

［1］尹圣雨.TCP/IP 网络编程［M］.北京:人民邮电出版社,2014.

［2］黄超.Windows 网络编程［M］.北京:人民邮电出版社,2003.

［3］Stevens W R. UNIX 环境高级编程:英文版［M］.北京:机械工业出版社,2002.

［4］Jeffrey R, Christophe N. Windows 核心编程［M］.北京:清华大学出版社,2008.

［5］Stevens W R. TCP/IP 详解卷 1：协议［M］.北京:机械工业出版社,2000.

［6］Forouzan B A. TCP/IP 协议族［M］.北京:清华大学出版社,2009.

［7］罗莉琴,詹祖桥.Windows 网络编程［M］.北京:人民邮电出版社,2011.

［8］Stevens W R, Fenner B, Rudoff A M. UNIX 网络编程卷 I :套接字联网 API［M］.北京:人民邮电出版社,2010.

［9］张斌,高波.Linux 网络编程［M］.北京:清华大学出版社,2000.

［10］任泰明.TCP/IP 协议与网络编程［M］.西安:西安电子科技大学出版社,2004.